国家示范（骨干）高职院校重点建设专业优质核心课程系列教材

工厂变配电设备安装与调试

主　编　黄雨鑫　戴明雪

中国水利水电出版社
www.waterpub.com.cn

内 容 提 要

本书是一本“教学做”一体化教材，其特点是将工厂变配电设备与安装、调试技能相结合，理论教学与实践教学相结合，教学项目与生产任务相结合。

本书针对高职学生的教学要求，根据学生的学习特点，注重理论联系实践，强调学生实践技能培养。全书共分 5 个项目，10 个任务，简化了理论教学，注重工程实践、安装工艺的讲解，对高职教学具有指导性，可操作性强。

本书适用于高职高专电气自动化技术、机电一体化技术、电力系统自动化技术等专业学生的教材，也可用作相关行业技术人员的参考书。

图书在版编目（CIP）数据

工厂变配电设备安装与调试 / 黄雨鑫，戴明雪主编. -- 北京：中国水利水电出版社，2014.3（2019.1 重印）
国家示范（骨干）高职院校重点建设专业优质核心课程系列教材
ISBN 978-7-5170-1765-3

Ⅰ. ①工… Ⅱ. ①黄… ②戴… Ⅲ. ①工厂－变电所－配电系统－设备安装－高等职业教育－教材②工厂－变电所－配电系统－调试方法－高等职业教育－教材 Ⅳ. ①TM63

中国版本图书馆CIP数据核字(2014)第038525号

策划编辑：石永峰　　责任编辑：陈　洁　　封面设计：李　佳

书　　名	国家示范（骨干）高职院校重点建设专业优质核心课程系列教材 工厂变配电设备安装与调试
作　　者	主　编　黄雨鑫　戴明雪
出版发行	中国水利水电出版社 （北京市海淀区玉渊潭南路 1 号 D 座　100038） 网址：www.waterpub.com.cn E-mail：mchannel@263.net（万水） sales@waterpub.com.cn 电话：（010）68367658（发行部）、82562819（万水）
经　　售	北京科水图书销售中心（零售） 电话：（010）88383994、63202643、68545874 全国各地新华书店和相关出版物销售网点
排　　版	北京万水电子信息有限公司
印　　刷	三河市铭浩彩色印装有限公司
规　　格	184mm×260mm　16 开本　10.75 印张　280 千字
版　　次	2014 年 3 月第 1 版　2019 年 1 月第 2 次印刷
印　　数	2001—3000 册
定　　价	24.00 元

前　　言

本书依据高职教育对课程教学的要求，强调基于工作过程的教学理念，将理论知识、实践技能和职业素质有机地结合起来，将工厂变配电设备与安装、调试技能相结合，理论教学与实践教学相结合，教学项目与生产任务相结合，力求做到理论知识合理精炼，偏重培养学生实际动手能力，综合运用知识能力，解决实际问题的能力。

本书充分体现了“淡化理论、够用为度、培养技能、重在应用”的编书原则，淡化了工厂变配电系统的设计计算，将重点由系统的计算转移为电力系统的常见问题与实际安装和操作上，从用户的角度出发，真正体现知识的实用性、可操作性。在知识点分布上，力求覆盖工厂供配电系统的全部重点内容，同时结合行业工厂供配电系统运行与管理的实际标准，增强实践性较强的新技术内容。

本书适用于高职院校电气自动化技术专业、机电一体化技术专业等工厂供电类相关课程使用。本书结合多年教学中的实践经验，借鉴高等职业教育改革的新成果，因此在教材编写理念的导向、教材内容的开发、教材结构的确立、教材内容的筛选，以及教材素材的选择上都具有自身的特色和先进性。

本书共有 5 个项目，内容包括高压开关柜的安装与调试、低压配电柜的安装与调试、变压器的安装与调试、配电线路的运行与维护、变电所的组建。为配合教学的需要，本书最后还附有 10kV 及以下变电所设计规范、安全作业常识，便于学生更准确地理解有关专业知识和设计规范。

本书由黄雨鑫、戴明雪主编。具体分工为：黄雨鑫编写项目 1、2、3，戴明雪编写项目 4、5。全书由黄雨鑫整理定稿。在编写过程中，借鉴了一些兄弟院校教材的部分内容，在此表示由衷的感谢。

限于编者水平有限，本书中难免有不足之处，衷心希望广大读者给予批评指正。

编　者

2014 年 1 月

目　　录

项目一

高压开关柜的安装与调试

1. 掌握高压断路器的安装及运行维护的方法。
2. 掌握高压隔离开关的安装及运行维护的方法。
3. 掌握高压负荷开关的安装及运行维护的方法。
4. 掌握高压设备的安装与运行维护。

任务一　高压电气元件的选择

1.1.1　任务要求

（1）认识电弧及其危害。

（2）了解电弧的灭弧方法。

（3）认识高压断路器、高压隔离开关、高压熔断器、电流互感器、电压互感器。

（4）了解高压断路器、高压隔离开关、高压熔断器、电流互感器、电压互感器的结构、工作原理和适用范围。

1.1.2　相关知识

变配电所中承担输送和分配电能任务的电路，称为一次电路，或称主电路、主接线。一次电路中的电气设备，称为一次设备或一次元件，即高压电气元件。

1.1.2.1　电弧的认识

1. 电弧的产生与分类

电弧是一种气体放电现象，电流通过某些绝缘介质（例如空气）所产生的瞬间火花。

当用开关电器断开电流时，如果电路电压不低于 10～20 伏，电流不小于 80～100mA，电器的触头间便会产生电弧。因此，在了解开关电器的结构和工作情况之前，首先应清楚电弧是如何产生。

电弧的形成是触头间中性质子（分子和原子）被游离的过程。开关触头分离时，触头间距离很小，电场强度很高。当电场强度超过 3×10^6V/m 时，阴极表面的电子就会被电场力拉出而形成触头空间的自由电子。这种游离方式称为强电场发射。从阴极表面发射出来的自由电子和触头间原有的少数电子，在电场力的作用下向阳极作加速运动，途中不断地和中性质点相碰撞。只要电子的运动速度足够高，电子的动能足够大，就可能从中性质子中打出电子，形成自由电子和正离子。这种现象称为碰撞游离。新形成的自由电子也向阳极作加速运动，同样地会与中性质点碰撞而发生游离。碰撞游离连续进行的结果是触头间充满了电子和正离子，具有很大的电导；在外加电压下，介质被击穿而产生电弧，电路再次被导通。触头间电弧燃烧的间隙称为弧隙。电弧形成后，弧隙间的高温使阴极表面的电子获得足够的能量而向外发射，形成热电场发射。同时在高温的作用下，气体中性质点的不规则热运动速度增加。当具有足够动能的中性质点相互碰撞时，将被游离而形成电子和正离子，这种现象称为热游离。随着触头分开的距离增大，触头间的电场强度逐渐减小，这时电弧的燃烧主要是依靠热游离维持的。

2. 电弧的分类

（1）按电流种类可分为：交流电弧、直流电弧和脉冲电弧。

（2）按电弧的状态可分为：自由电弧和压缩电弧（如等离子弧）。

（3）按电极材料可分为：熔化极电弧和不熔化极电弧。

3. 电弧的危害和灭弧方法

（1）电弧的危害。

电弧产生的能量可高达 8～60MW，它主要与电弧的燃烧时间以及短路电流的平方值成正比，其他因素则包括柜体几何尺寸以及所使用的材料等。电弧燃烧持续时间超过 100ms，所释放的能量开始急剧增加，大约 150ms 左右电缆开始燃烧，200ms 左右铜排燃烧，到了 250ms 左右钢材开始燃烧。造成严重的电气损坏，严重时可导致开关柜燃烧。

电弧故障是一种不可预测的偶发事故。发生电弧故障所产生的总能量，可能大于一场严重火灾产生的能量的三、四倍，并且它是在一个非常短的时间内高度集中释放的能量，因而可能对附近工作人员造成致命的危害。主要体现在以下几个方面：

①电击致死。当工作者直接触电，可能造成触电身亡或严重灼伤。事实上，即使具有防火性的防护衣也不能够使工作者免于触电身亡的危险。

②衣服燃烧造成的严重灼伤。工人未必要被电弧接触到才会受伤。电弧产生的辐射热可以在很短的时间内熔化工具、使日常衣物起火燃烧，如棉衣及聚酯衣服在没有火焰的情况下也会起火燃烧。此种衣服一旦被点燃，便会继续燃烧从而对穿着者造成致命的伤害。

③衣服爆裂造成严重灼伤。电弧所产生的爆炸或震荡力会使日常衣服绷裂开，而使工作人员的身体直接暴露于高热、火焰或熔融的金属当中（如熔化的金属工具及设备等）。

④合成纤维内衣滴熔造成严重灼伤。即使在外衣没有燃烧的情况之下，电弧所产生的高热足以熔化由合成纤维材料制成的内衣，由于内衣紧贴皮肤，而给穿着者造成非常严重的、甚至是致命的伤害。

⑤续发性火焰引起严重伤害。电弧的高热足以引起续发性火灾，并引起更多的爆炸，例如，电弧可以使变压器燃烧或使附近建筑物爆炸。

⑥此外，巨大而集中的辐射能量从开关设备中向外爆发，所产生的压力波可能损坏人的听力；高强度的闪光损坏人的视力；超高温的电弧火球可能严重烧伤工作人员的身体；压力波也可能使某

些松脱的材料（比如损坏设备的碎片、工具和其他物件等）抛出对人造成伤害，还有电弧燃烧所产生的有毒气体（一氧化碳、铝及铜蒸汽等）对人的呼吸系统也造成伤害。

（2）灭弧的方法。

灭弧的基本方法就是加强去游离，提高弧隙介质强度的恢复过程或改变电路参数降低弧隙电压的恢复过程，目前开关电器的主要灭弧方法有：

①利用介质灭弧。

弧隙的去游离在很大程度上，取决于电弧周围灭弧介质的特性。六氟化硫气体是很好的灭弧介质，其电负性很强，能迅速吸附电子而形成稳定的负离子，有利于复合去游离，其灭弧能力比空气约强 100 倍；真空也是很好的灭弧介质，因真空中的中性质点很少，不易于发生碰撞游离，且真空有利于扩散去游离，其灭弧能力比空气约强 15 倍。

②利用气体或油吹动电弧。

吹弧使弧隙带电质点扩散和冷却复合。在利用各种灭弧室结构形式，使气体或油产生巨大的压力并有力地吹向弧隙。吹弧方式主要有纵吹与横吹两种。纵吹是吹动方向与电弧平行，它促使电弧变细；横吹是吹动方向与电弧垂直，它把电弧拉长并切断。

③采用特殊的金属材料作灭弧触头。

采用熔点高、导热系数和热容量大的耐高温金属作触头材料，可减少热电子发射和电弧中的金属蒸汽，得到抑制游离的作用；同时采用的触头材料还要求有较高的抗电弧、抗熔焊能力。常用触头材料有铜钨合金、银钨合金等。

④电磁吹弧。

电弧在电磁力作用下产生运动的现象，叫电磁吹弧。由于电弧在周围介质中运动，它起着与气吹的同样效果，从而达到熄弧的目的。这种灭弧的方法在低压开关电器中应用得更为广泛。

⑤使电弧在固体介质的狭缝中运动。

此种灭弧的方式又叫狭缝灭弧。由于电弧在介质的狭缝中运动，一方面受到冷却，加强了去游离作用；另一方面电弧被拉长，弧径被压小，弧电阻增大，促使电弧熄灭。

⑥将长弧分隔成短弧。

当电弧经过与其垂直的一排金属栅片时，长电弧被分割成若干段短弧；而短电弧的电压降主要降落在阴、阳极区内，如果栅片的数目足够多，使各段维持电弧燃烧所需的最低电压降的总和大于外加电压时，电弧就自行熄灭。另外，在交流电流过零后，由于近阴极效应，每段弧隙介质强度骤增到 150～250V，采用多段弧隙串联，可获得较高的介质强度，使电弧在过零熄灭后不再重燃。

⑦采用多断口灭弧。

高压断路器每相由两个或多个断口串联，使得每一断口承受的电压降低，相当于触头分断速度成倍地提高，使电弧迅速拉长，对灭弧有利。

⑧提高断路器触头的分离速度。

提高了拉长电弧的速度，有利于电弧冷却复合和扩散。

1.1.2.2　高压断路器的选择

1. 高压断路器的功能

在电路正常的情况下用以接通或切断负荷电流；在电路发生故障时，用以切断短路电流或自动重合闸。断路器的灭弧装置具有很强的灭弧能力，现在常用的高压断路器有高压少油断路器、高压真空断路器、高压六氟化硫断路器及高压空气开关等。

高压断路器又称为高压开关，是高压供配电系统中最重要的电器之一。

2. 高压断路器的类型及型号

高压断路器根据采用的灭弧介质的不同，分为少油断路器、空气断路器、SF_6断路器和真空断路器等。多油断路器已不用，目前应用最多是真空断路器和SF_6断路器，真空断路器一般用在35kV及以下的系统中，SF_6断路器一般用在110kV及以上系统中，目前35kV的GIS装置也采用SF_6断路器。

高压断路器的型号及含义如下：

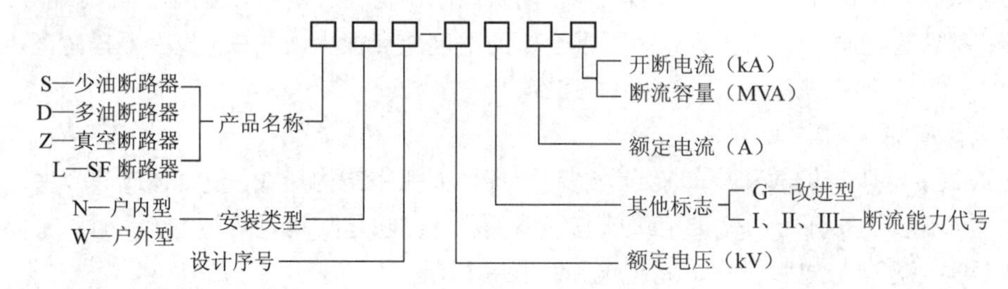

3. 少油断路器

少油断路器中的油仅作灭弧介质使用，不作为主要绝缘介质，而载流部分是依靠空气、陶瓷材料或有机绝缘材料来绝缘的，因而油量很少。

目前化工中应用的少油断路器已经很少了，不少已经改造为真空断路器，下面以工厂中仍在用的SN10-10型的少油断路为例介绍少油断路器的结构、开断过程和灭弧原理。

如图1-1所示，SN10-10系列少油断路器由框架、油箱及传动部分组成。框架上装有分闸限位器、合闸缓冲、分闸弹簧及6只支持绝缘子。传动部分有断路器主轴、绝缘拉杆等。油箱固定在支持绝缘子上。

（a）SN10-10型少油断路实物图

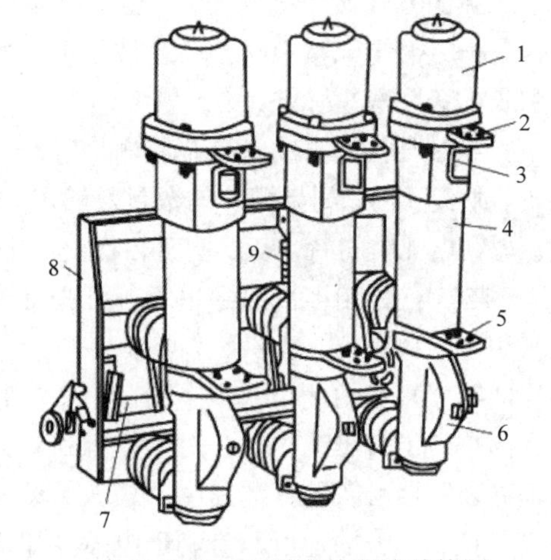

（b）SN10-10型少油断路结构图

1—铝帽；2—上接线端；3—油标；4—绝缘箱（内装灭弧室及触头）；
5—下接线端；6—基座；7—主轴；8—框架；9—分闸弹簧

图1-1　SN10-10型少油断路的外形结构

断路器的灭弧室设计为纵横吹和机械油吹联合作用灭弧，在短时间内可有效地灭大、中、小电流。SN10-10 Ⅰ型、Ⅱ型及 SN10-10Ⅲ/1250-40 型为单筒结构，SN10-10/Ⅲ/2000-40 型和 SN10-10/3000/40 型附加一副筒成为双筒结构，由于副筒不产生电弧，故其触头不用耐弧合金，亦不装灭弧室。SN10-10 少油断路器的一相剖面图如图 1-2 所示。

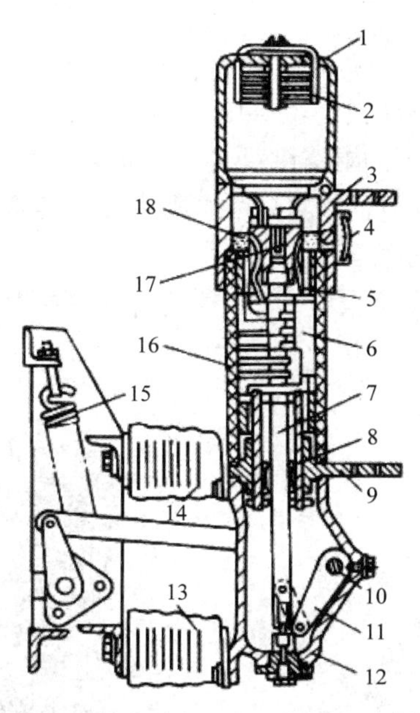

1—铅帽；2—油气分离器；3—上接线端子；4—油标；5—静触头；6—灭弧室；7—动触头；8—中间滚动触头；9 下接线端子；10—转轴；11—拐臂；12—基座；13—下支柱瓷瓶；14—上支柱瓷瓶；15 断路器簧；16—绝缘筒；17—逆止阀：18—绝缘油

图 1-2　SN10-10 少油断路器的一相剖面图

上述导电回路是上接线端子→静触头→导电杆→滚动中间触头→下接线端子。

分闸时，在分闸弹簧的作用下，主轴转动，经四连杆机构传到断路器各相的转轴，将导电杆向下拉，动、静触对分开。触头间产生的电弧在灭弧室中熄灭。电弧分解的气体和油蒸气上升到空气室处膨胀，经过双层离心旋转式油气分离器冷却、分离，气体从顶部排气孔排出。导电杆分闸终了时，油缓冲器活塞插入导电杆下部钢管中进行分闸缓冲。

合闸时动作相反，导电杆向上运动，在接近合闸位置时，合闸缓冲弹簧被压缩，进行合闸缓冲。

SN10-10 少油断路器的灭弧室采用了横吹、纵吹及机械油吹三种作用，如图 1-3 所示。这种灭弧室的特点是：①采用逆流原理，使动力触头端部的电弧弧根不断与新鲜油相接触，有效地冷却电弧，增加熄弧能力；②开断大电流时，在电弧高温作用下，油被分解为气体，产生高气压，当导电杆向下移动时，依次打开第一、第二、第三横吹弧道，油气混和物强烈吹动电弧，从而使电弧熄灭；③开断小电流时，电弧能量小，但由于动触头向下运动，使下面的一部分油通过灭弧室的附加油道而横向射入电弧。这样在两个纵吹油囊的纵吹作用之外，实际上又加了机械油吹作用，因此能使小电流电弧很快熄灭。

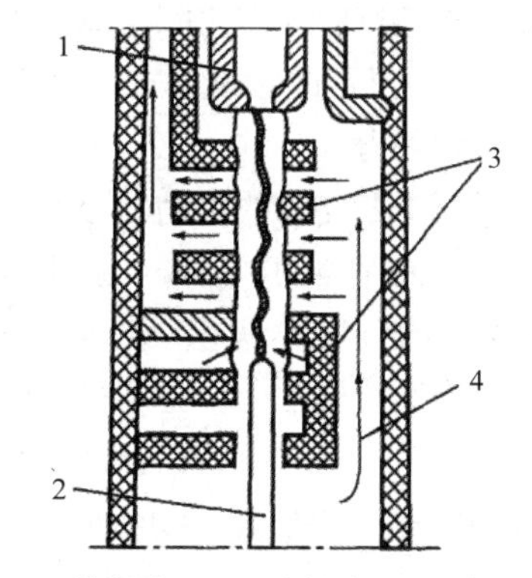

1—静触点；2—动触点；3—盘形绝缘板；4—附加油流通道

图 1-3　SN10-10 少油断路器灭弧室

目前少油断路器已逐渐被真空断路器取代，只是在一些小企业和老的工厂中使用，新建的工厂在中压系统中基本上都采用真空断路器，在超高压系统上，大部分采用六氟化硫断路器。少油断路器同真空断路器及六氟化硫断路器相比较，检修工作量大。

4. 真空断路器

真空断路器是把触头安置在一个真空容器中，依靠真空作灭弧和绝缘介质。当容器内的真空度达到 10^{-5}mmHg 时，具有较高的绝缘强度（E=10～45kV/mm）。

所有真空断路器，不论是何种结构，断路器本体中均装设有分闸拉力弹簧。合闸过程中操动机构既要提供驱动开关运动的功，又要同时将分闸弹簧贮能。当需要分闸时，操动机构只需完成脱扣解锁任务，由分闸弹簧释能完成分闸运动。

真空断路器的类型可从不同角度来划分，一般情况下主要从以下两个方面划分：

（1）按使用场所可分为户内式和户外式，如图 1-4 所示，分别用 ZN 和 ZW 来表示。

（a）ZW32 型户外真空断路器

（b）ZN41 型户内真空断路器

图 1-4　真空断路器

（2）按断路器主体与操动机构的相关位置可分为整体式和分体式。整体式真空断路器操动机构与开关本体安装在同一骨架上，体积小、重量轻、安装调整方便、机械性能稳定。分体式真空断路器操动机构与开关本体分别装于开关柜的不同位置上，断路器的各项机械特性参数必须安装在开关柜上调整试验才有实际意义，这种安装方式主要受我国少油断路器的安装方式的影响，比较适合于少油开关柜的无油化改造，优点是巡视和检修方便，缺点是安装调整稍麻烦，机械特性的稳定性和可靠性稍逊。

①真空断路器的传动与合、分闸操作。

真空断路器的传动链一般由机构传动连杆、拐臂、主轴、绝缘推杆、三角拐臂和触头弹簧装置等构成。设计时应尽量简化传动环节以提高传动的效率。

真空断路器的合、分闸操作过程：

合闸时，操动机构合闸线圈得电→合闸铁芯动作→机构及传动连杆动作→开关主轴转动→绝缘推杆前推→三角拐臂转动→下压触头弹簧装置→灭弧室动导电杆向下运动使触头接触→触头弹簧压缩至接触行程终点。与此同时，机构的辅助开关切断合闸接触器线圈电源，分闸弹簧拉长贮能，电磁机构的扣板由半轴扣住保持在合闸位置，合闸结束。

分闸时，机构中的分闸线圈得电→分闸铁芯动作→扣板与半轴脱扣→断路器在触头弹簧和分闸弹簧的作用下迅速分断→机构的辅助开关切断分闸线圈电源→机构复原，并由分闸弹簧保持在分闸位置。

真空断路器在开断电流时，两触头间就要产生电弧，电弧的温度很高，能使触头材料蒸发，在两触头间形成很多金属蒸气。由于触头周围是“真空”的，只有很少气体分子，所以金属蒸气很快就跑向围在触头周围的屏蔽罩上，以致在电流过零后极短的时间内（几微秒）触头间隙就恢复了原有的高“真空”状态。因此真空断路器的灭弧能力要比少油断路器优越得多。

故真空断路器具有如下特点：

a．在真空中熄弧，电弧和炽热气体不外露，不飞溅到其他物体上；

b．由于真空中耐压强度高，触头之间距离大大缩短，相对的动作行程也短得多，动导杆的惯性小，适用于频繁操作；

c．由于真空断路器的结构特点使其具有熄弧时间短、弧压低、电弧能量小、触头损耗小、开断次数多等特点；

d．操作机构小且重量轻，控制功率小，没有火灾和爆炸危险，故安全可靠；

e．触头密封在真空中，不会因受潮气、灰尘及有害气体等影响而降低其技术性能；

f．真空断路器在遮断短路电流时，待故障排除后，无需检修真空断路器即可投入运行。

但是，真空断路器由于熄弧速度太快，容易产生操作过电压，直接威胁到电气设备的安全运行。必须采取相应的对策抑制真空断路器的操作过电压。抑制真空断路器的操作过电压问题，一是真空断路器的设计选型，应首选技术装备先进，检测手段完善的生产企业，选用的产品具有低的截流值，以减少操作中产生截流过电压；二是必须同步设计操作过电压吸收装置，我国目前广泛采用的过电压吸收装置可分为两类，即RC（电阻、电容器组合式）和氧化锌压敏电阻两种形式。

氧化锌压敏电阻具有抑制过电压能力强、残压低、对浪涌响应快、伏安特性对称等特性，在任何波形的正负极性浪涌电压均能充分吸收，并具有通流容量大、放电后无续流等优点，且其体积小便于安装而得到广泛地用于抑制真空短路器的操作过电压。

②真空断路器的运行维护。

a．定期测量断路器的超行程。

真空断路器的超行程与少油断路器的超行程的概念有所不同，少油断路器的超行程为动触头插入静触头的深度，而真空断路器的超行程为分合闸绝缘拉杆一端触头弹簧被压缩的距离，这个距离要保持在要求的范围内，触头间有足够的压力，就可以保证触头接触良好。真空断路器的超行程一般为 4mm，触头允许磨损厚度一般为 2～3mm。真空断路器在分合负载电流或故障电流过程中，触头不断磨损，从而超行程不断减少，因此，必须定期对断路器的超行程进行测量，对不符合要求的要及时调整，以保证触头间有足够第二压力，以保证其接触良好。一般真空断路器每开断 2000 次或开断短路电流两次及新投入运行 3 个月，应进行一次超行程测量。

b．定期检测灭弧室的真空度。

真空断路器灭弧室的真空度直接影响到断路器的开断能力。一般灭弧室真空度应每开断 2000 次或每年进行一次检测。检测方法为在真空断路器动静触头在正常开距下（13mm），两触头间以不大于 12kV/s 的速率升加工频电压至 42kV，稳定一分钟后应无异常现象。

c．灭弧室更换条件。

对使用寿命已到或有异常现象的灭弧室必须更换，其更换的条件一般为：真空断路器的触头磨损已达到或超出规定值；灭弧室真空度已达不到标准的要求值；其机械操作寿命已达到规定值，真空断路器灭弧室的更换，应严格执行制造厂的具体技术标准和相关的技术要求。

1.1.2.3　高压隔离开关的选择

1. 高压隔离开关的功能

高压隔离开关主要用于隔断高压电源，以保证其他设备和线路的安全检修。

在电路正常工作时，作为负荷电流的通路；检修电气设备时，在没有负荷电流情况下打开隔离开关，用以隔离电源电压，并造成明显的断路点。隔离开关没有灭弧装置，不能在其额定电流下开合电路，只能与高压断路器或高压熔断器配合使用。

在 6～10kV 网络中，符合下列情况可用隔离开关操作：开合电压互感器及避雷器回路；开合励磁电流不超过 2A 的空载变压器；开合电容电流不超过 5A 的空载线路；开合电压为 10kV 及以下，电流为 15A 以下的线路；开合电压为 10kV 及以下，均衡电流为 70A 及以下的环路。

2. 高压隔离开关的类型及型号

隔离开关按其装置种类可分为户内式和户外式，按级数可分为单极和三极，如图 1-5 所示。

（a）单相高压隔离开关　（b）三相户外型高压隔离开关　（c）三相户内型高压隔离开关

图 1-5　高压隔离开关

高压隔离开关的型号及含义如下：

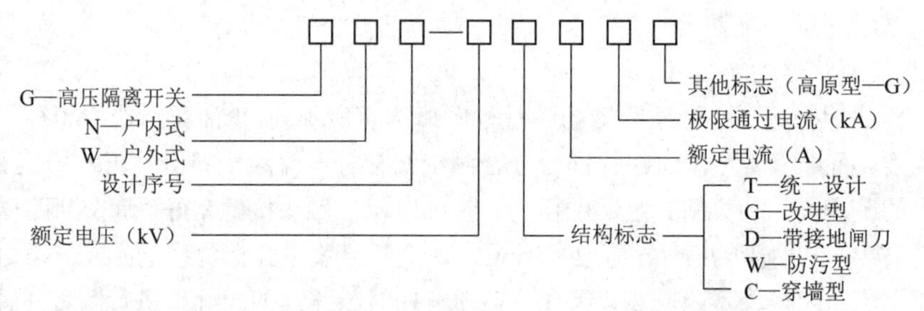

例如：GN8-10/600 表示 10kV 户内式，设计序号为 8，额定电流为 600A 的隔离开关。

1.1.2.4　高压负荷开关的选择

1. 高压负荷开关的功能

高压负荷开关，主要用于 10kV 配电系统接通和分断正常的负荷电流。

在电路正常的情况下用以接通或切断负荷电流。负荷开关具有简单的灭弧装置，灭弧能力较小，只能在其额定电压和额定电流下开合电路，不能用以切断短路电流。负荷开关与熔断器配合代替断路器，只能用于不重要的供电网络。

2. 高压负荷开关的类型及型号

高压负荷开关分为户内式和户外式两类，如图 1-6 所示。

(a) 户内式

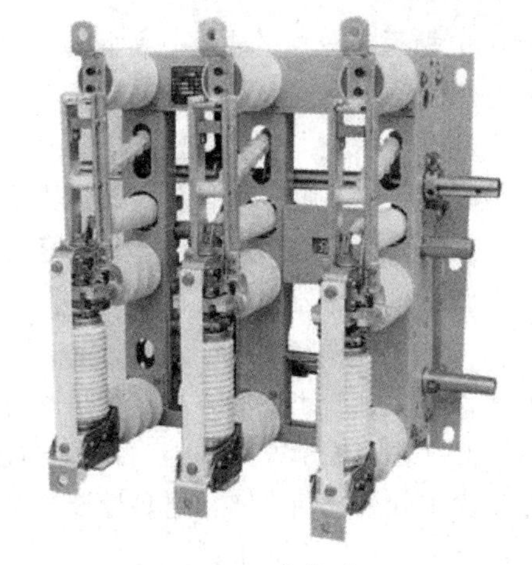

(b) 户外式

图 1-6 高压负荷开关

高压负荷开关的型号及含义如下：

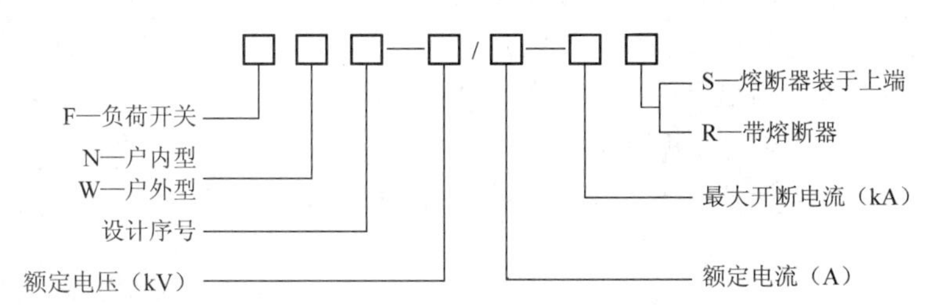

例如：FN3-10RT 表示 10kV 户内式，设计序号为 3，带有熔断器和热脱扣器的高压负荷开关。

1.1.2.5 高压熔断器的选择

1. 高压熔断器的功能

高压熔断器主要作为电气设备长期过载和短路的保护元件。电路过载或短路时，将熔断体熔断，切断故障电路。在正常情况下，不允许操作高压熔断器接通或切断负荷电流。

2. 高压熔断器的类型及型号

目前国内生产的高压熔断器，用于户内的有 RN1、RN2 系列，用于户外的有 RW4 系列等。

高压熔断器的型号及含义如下：

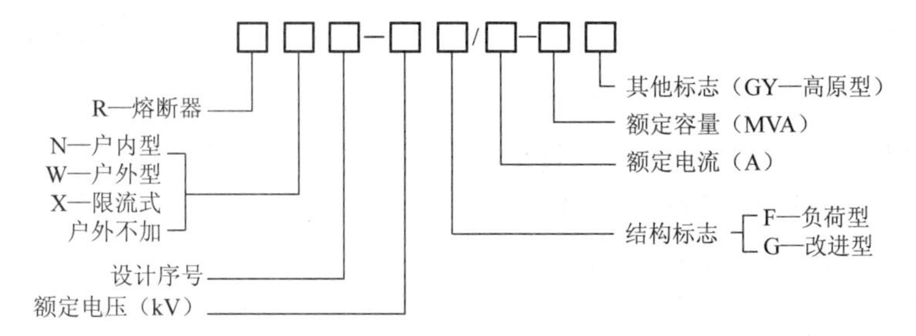

例如：RW4-10/100 表示户外式、设计序号为 4，额定电压为 10kV，额定电流为 100A 的高压熔断器。

（1）RN1、RN2 型高压熔断器。

RN1 型充石英砂户内高压熔断器用于电力线路的过载及短路保护，有较大的开断能力，故亦可用于保护电力系统分出的支路，如城市的供电线路、工矿企业、农业变电站的馈电线路。RN1型熔断器是由上下支柱绝缘子、触座、熔丝管和底板等四部分组成，支柱绝缘子安装在底板上，触座固定在支柱绝缘子上，熔丝管放在触座中固定，熔丝管管内熔丝缠在有棱的芯子上，然后充填石英砂，两端铜帽用端盖压紧，用锡焊牢，以保护密封。当通过过载电流或短路电流时，熔丝立即熔断，同时产生电弧，石英砂就立即把电弧熄灭。在熔丝熔断时，弹簧的拉线也同时熔断，并从弹管内弹出，这就指示熔断器完成了任务。如图 1-7 所示。

RN2 型户内高压限流熔断器，用于电压互感器的短路保护，其断流容量为 100MV·A。在短路时以限制线路电流到最小值的方式进行瞬时开断，1 分钟内熔断电流应在 0.6～1.8A 范围内。

RN1、RN2 型熔断器其灭弧能力很强，能在短路后不到半个周期（即短路电流未达冲击值前）就能完全熄灭电弧，切断电路。这种熔断器属于“限流”型熔断器。

（2）RW4 型跌落式熔断器。

高压跌落式熔断器集短路保护、过载及隔离电路的功能为一体，广泛用于输配电线路及设备上，在功率较小和对保护性能要求不高的地方，它可以与隔离开关配合使用，代替自动空气开关；与负荷开关配合使用，代替价格高昂的断路器。熔断器结构简单，保护可靠，但如果使用不当，将会导致误动或不动作，造成不可避免的经济损失。因此，有必要正确地认识和使用熔断器。

户外高压跌落式熔断器的特点是：气体喷射式，熔丝熔断时产生的大量气体迅速通过熔管下部排出，同时迅速跌落，形成明显的分断间隙。当线路出现短路或过载将熔丝熔断，熔丝更换后可以多次使用。户外高压跌落式熔断器从小电流至额定电流亦可靠动作。如图 1-8 所示。

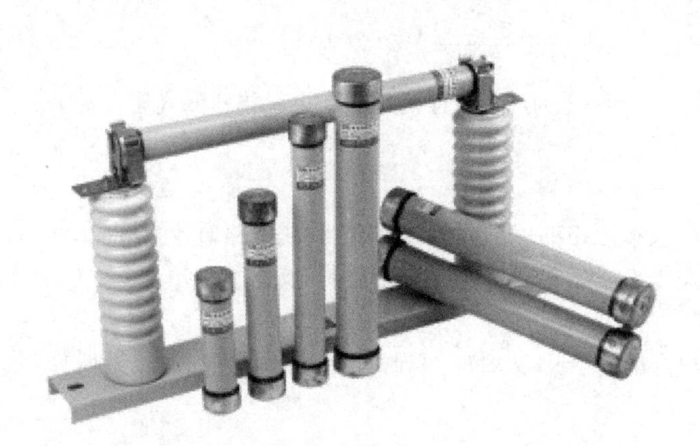

图 1-7　RN1 型高压熔断器

图 1-8　户外高压跌落式熔断器

熔断器运行时串联在电力线路中，在正常工作时，带纽扣的熔丝装在熔丝管的上触头，被装有压片的释压帽压紧，熔丝尾线通过熔丝管拉出，将弹出板扭反压进喷头，与下触头连接，在弹出板扭力的作用下熔丝一直处于拉紧状态，并锁紧活动关节。在熔断器处在合闸位置时，由于上静触头向下和弹片的向外推力，使整个熔断器的接触更为可靠。

当电力系统发生故障时，故障电流将熔丝迅速熔断，在熔管内产生电弧，熔丝管在电弧的作用下产生大量的气体，当气体超过给定的压力值时，释压片即随纽扣头打开，减轻了熔丝管内的压力，在电流过零时产生强烈的去游离作用，使电弧熄灭。而当气体未超过给定的压力值时，释压片不动作，电流过零时产生的强烈去游离气体从下喷口喷出，弹出板迅速将熔丝尾线拉出，使电弧熄灭。熔丝熔断后，活动关节释放，熔丝管在上静触头下弹片的压力下，加上本身自重的作用迅速跌落，将电路切断，形成明显的分断间隙。

跌落式熔断器要经过几个周波才能灭弧，所以没有限流作用，属于“非限流”型熔断器。

1.1.2.6 互感器的选择

电流互感器与电压互感器统称为互感器，互感器是一种特殊变压器。它是一次电路与二次电路之间的联络元件，用以分别向测量仪表、继电器的电流线圈和电压线圈供电。

1. 互感器的作用

（1）将一次回路的高电压和大电流变为二次回路标准的低电压和小电流，使测量仪表和保护装置标准化、小型化，并使其结构轻巧、价格便宜，并便于屏内安装。

（2）隔离高压电路。互感器一次侧和二次侧没有电的联系，只有磁的联系，使二次设备与高电压部分隔离，且互感器二次侧均接地，从而保证了设备和人身的安全。

（3）对二次设备进行维护、调试以及调整试验时，可以不中断一次系统的运行，而只需要改变二次接线即可。

（4）当电路中发生短路时，测量仪表和继电器的电流线圈不会直接受到大电流的损坏。

2. 电流互感器

（1）电流互感器的类型及型号。

电流互感器是将一次侧的大电流，按比例变为适合通过仪表或继电器使用的，额定电流为 5A 或 1A 的变换设备。

①按安装地点可分为户内式和户外式。20kV 以下制成户内式；35kV 及以上多制成户外式。

②接安装方式可分为穿墙式、支持式和装入式。穿墙式装在墙壁或金属结构的孔中，可节约穿墙套管；支持式则安装在平面或支柱上；装入式是套在 35kV 及以上变压器或多油断路器油箱内的套管上，故也称为套管式。

③按绝缘可分为干式、浇注式、油浸式等。干式用绝缘胶浸渍，适用于低压户内的电流互感器；浇注式利用环氧树脂作绝缘，多用于 35kV 及以下的电流互感器；油浸式多为户外型。

④按一次绕组匝数可分为单匝式和多匝式。

⑤新型电流互感器按高、低压部分的耦合方式，可分为无线电电磁波耦合、电容耦合和光电耦合式，其中光电式电流互感器性能更佳。新型电流互感器的特点是高低压间没有直接的电磁联系，使绝缘结构大为简化；测量过程中不需要消耗很大能量；没有饱和现象，测量范围宽，暂态响应快，准确度高；重量轻、成本低。

电流互感器的外形如图 1-9 所示。

（a）户外型电流互感器

（b）户内型电流互感器

图 1-9 电流互感器

（2）电流互感器的工作原理。

电力系统中广泛采用的是电磁式电流互感器（以下简称电流互感器）。它的工作原理和变压器相似。

电流互感器一、二次电流之比称为电流互感器的变流比（额定互感比）。

$$K_i = \frac{I_{N1}}{I_{N2}} \tag{1-1}$$

式中：I_{N1}——一次线圈的额定电流，A；I_{N2}——二次线圈的额定电流，5A/1A。

（3）电流互感器的特点。

①一次绕组串联在电路中，并且匝数很少；故一次绕组中的电流完全取决于被测电路的负荷电流，而与二次电流大小无关；

②电流互感器二次绕组所接仪表的电流线圈阻抗很小，所以正常情况下，电流互感器在近于短路的状态下运行；

③电流互感器在工作中，二次侧不允许开路。

（4）电流互感器的接线方案。

电流互感器的接线方案指的是电流互感器与测量仪表或保护继电器之间的连接形式。

①三相星形接线（三相完全星形）。

可以准确反映三相中每一相的真实电流。该接线方式广泛用于负荷不平衡的三相四线制系统中，作三相电流、电能测量及过电流保护之用。

②两相 V 形接线（两相不完全星形）。

在三相三线制线路中，此接线中三个电流线圈正好反映三相电流，因此，此接线广泛用于三相三线制电路中，作测量三相电流、电能及过电流保护之用。

③两相电流差接线。

反映两相差电流，对于三相对称电路，其量值为相电流的万倍。此接线用于中性点不接地的三相三线制电路中，作继电保护之用。

④一相式接线（单相接线）。

在三相负荷平衡时，可以用单相电流反映三相电流值，主要用于测量电路和过负荷保护。

（5）电流互感器使用注意事项。

①电流互感器的二次侧在使用时绝对不可开路。使用过程中拆卸仪表或继电器时，应事先将二次侧短路。安装时，接线应可靠，不允许二次侧安装熔丝。

②二次侧必须有一端接地。防止一、二次侧绝缘损坏，高压窜入二次侧，危及人身和设备安全。

③接线时要注意极性。电流互感器一、二次侧的极性端子，都用字母表明极性。GB1208－1997《电流互感器》规定，一次绕组端子标 P1、P2，二次绕组端子标 S1、S2，其中，P1 与 S1、P2 与 S2 分别为对应的同名端。如果一次侧电流从 P1 流入，则二次侧电流从 S1 流出。

④一次侧串接在线路中，二次侧的继电器或测量仪表串接。

高压电流互感器多制成两个铁芯和两个副绕组的形式，分别接测量仪表和继电器，满足测量仪表和继电保护的不同要求。电流互感器供测量用的铁芯在一次侧短路时应该容易饱和，以限制二次侧电流增长的倍数；供继电保护用的铁芯，在一次侧短路时不应饱和，使二次侧的电流与一次侧的电流成正比例增加。

（6）电流互感器准确度等级和容量。

①电流互感器的准确度。

电流互感器根据测量时误差的大小而划分为不同的准确级。准确级是指在规定的二次负荷范围内，一次电流为额定值时的最大误差。按准确度等级分（国家标准 GB 1208－1997），测量用互感器有 0.1、0.2、0.5、1、3、5 等级，保护用互感器有 5P、10P 两级。

电流互感器的电流误差，会引起各种测量仪表和继电器产生误差，而角误差只对功率型测量仪表和继电器以及反映相位的继电保护装置有影响。

0.2 级的电流互感器只用于实验室的精密测量；0.5～1 级的电流互感器主要用于变电所中的电气测量仪表；3 级和 10 级的电流互感器用于一般的测量和某些继电保护。

②电流互感器的额定容量。

电流互感器的额定容量是指电流互感器在额定二次电流和额定二次阻抗下运行时，二次线圈输出的容量，由于电流互感器的二次电流为标准值（5A 或 1A），故其容量也常用额定二次阻抗来表示。因电流互感器的误差和二次负荷有关，故同一台电流互感器使用在不同准确级时，会有不同的额定容量。

电流互感器对负载的要求就是负载阻抗之和不能超过互感器的额定二次阻抗值。

3. 电压互感器的选择

（1）电压互感器的类型及型号。

电压互感器是将一次侧的高电压按比例变为适合仪表或继电器使用的额定电压为 100V 或 $100/\sqrt{3}$ V 的变换设备。

①按安装地点分户内和户外；

②按相数分单相和三相式，只有 20kV 以下才有三相式；

③按绕组数分双绕组和三绕组；

④按绝缘分浇注式、油浸式、干式和电容式等。浇注式用于 3～35kV，油浸式主要用于 110kV 及以上的电压互感器。

电压互感器如图 1-10 所示。

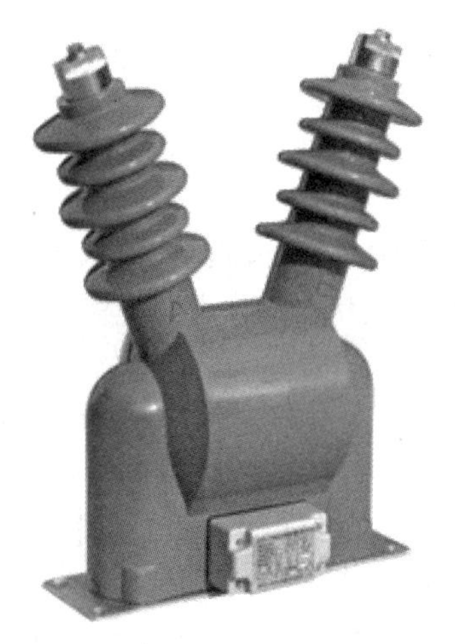

（a）户外型电压互感器

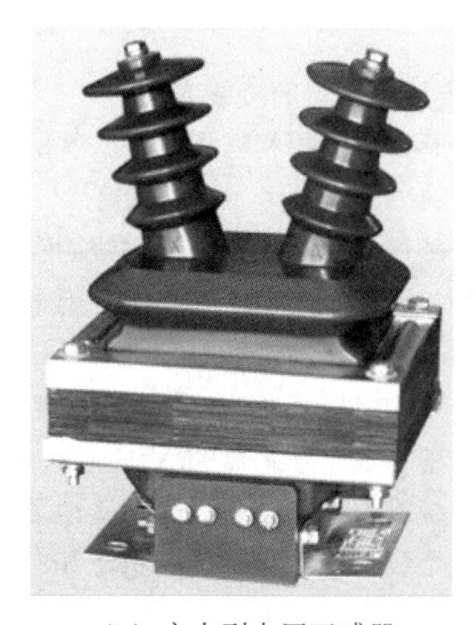

（b）户内型电压互感器

图 1-10 电压互感器

电压互感器型号的表示及含义如下：

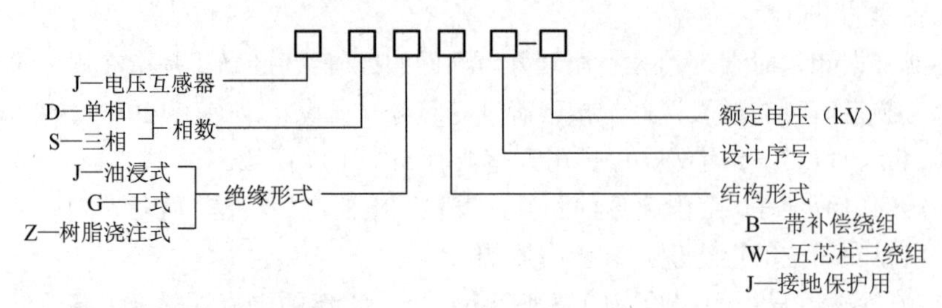

（2）电感式电压互感器的工作原理。

电压互感器的工作原理、构造和连接方法都与变压器很相似。电压互感器一、二次绕组电压之比称为电压互感器的电压比（额定互感比）。

$$K_u = \frac{U_{N1}}{U_{N2}} \tag{1-2}$$

式中：U_{N1}——等于电网的额定电压，kV；U_{N2}——额定电压为 100V。

电压互感器与电力变压器相比较，由于其二次侧负荷阻抗很大，电流很小，具有下述特点：

①容量很小，类似一台小容量变压器，但结构上要求有较高的安全系数；

②电压互感器二次绕组所接仪表的电流线圈阻抗很大，正常情况下，电压互感器在近于空载的状态下运行；

③电压互感器的一次侧额定电压，几乎不受二次侧负荷的影响，并且在大多数的情况下，其负荷是恒定的。

（3）电容式电压互感器的工作原理。

随着电力系统输电电压的增高，电磁式电压互感器的体积越来越大，成本随之增高，普遍采用电容式电压互感器。

电容式电压互感器实质上是一个电容分压器，在被测装置的相和地之间接有电容 C_1 和 C_2，按反比分压，C_2 上的电压为

$$U_{C2} = \frac{U_1 C_1}{C_1 + C_2} = KU_1 \tag{1-3}$$

（4）电压互感器的接线方案。

电压互感器有单相和三相两种。单相可制成任何电压等级，而三相一般只制成 10kV 及以下的电压等级。

电压互感器接线圈又可分为双线圈和三线圈两种。三线圈的除了具有供电测量仪表和继电器的基本线圈外，还有一个辅助副线圈，用来接入监察电网的绝缘状况的仪表和单相接地保护继电器。

常用的有以下几种接线方案：

①一个单相电压互感器的接线。此接线方式只能测量线电压或接压表、频率表、电压继电器等。

②两个单相电压互感器的 V/V 形接线。此接线又称不完全星形接线。此接线方式适用于中性点不接地系统或中性点经消弧线圈接地系统，用于测量三相线电压，供仪表、继电器接于三相三线制电路的各个线电压，它广泛应用在 6～10kV 配电装置中。

③三个单相电压互感器 Y_0/Y_0 形接线。采用三个单相电压互感器、一次绕组中性点接地，可以满足仪表和电压继电器取用相电压和线电压的要求，因此，此接线可供给要求线电压的仪表及继电

器，也可接绝缘监视的电压表。但应注意，由于小电流接地系统在发生单相接地时，允许运行 2h，所以绝缘监视电压表应按线电压选择。

④三个单相三绕组电压互感器或一个三相五芯柱三绕组电压互感器 $Y_0/Y_0/\Delta$（开口三角形）形接线。接成 Y_0 的二次绕组，供给需线电压的仪表、继电器及作为绝缘监察的电压表；接成开口三角形的二次绕组，用于供给绝缘监察的电压继电器。一次绕组正常工作时，开口三角形两端的电压接近于零，当某一相接地时，开口三角形两端出现近 100V 的电压，使继电器动作，发出报警信号。

（5）电压互感器使用注意事项。

①电压互感器的二次侧在工作时不能短路。在正常工作时，其二次侧的电流很小，近于开路状态，当二次侧短路时，其电流很大（二次侧阻抗很小）将烧毁设备。

②电压互感器的二次侧必须有一端接地，防止一、二次侧击穿时，高压窜入二次侧，危及人身和设备安全。

③电压互感器接线时，应注意一、二次侧接线端子的极性，以保证测量的准确性。

GB 1207－1997《电压互感器》规定，单相电压互感器的一次绕组端子标 A、N，二次绕组端子标 a、n，其中，A 与 a、N 与 n 分别为对应的同名端。而三相电压互感器一次绕组端子分别标 A、B、C、N，一次绕组端子分别标 a、b、c、n，其中，N 和 n 分别为一、二次侧三相绕组的中性点。

④电压互感器的一、二次侧通常都应装设熔丝作为短路保护，同时一次侧应装设隔离开关作为安全检修用。

（6）电压互感器准确度等级和容量。

电压互感器的准确级是指在规定的一次电压和二次负荷变化范围内，负荷功率因数为额定值时，电压误差的最大值。对于测量用电压互感器的标准准确度级有：0.1、0.2、0.5、1.0、3.0 五个等级，保护用电压互感器的标准准确度级有 3P 和 6P 两个等级。

由于电压互感器误差与负荷有关，所以同一台电压互感器对应于不同的准确级便有不同的容量。通常额定容量是指对应于最高准确级的容量。电压互感器按照在最高工作电压下长期工作允许的发热条件，还规定了最大容量。

电压互感器的负载要求就是负载容量之和不能超过互感器的额定二次容量值。

4. 互感器的配置原则

互感器在主接线中的配置与测量仪表、同期点的选择、保护和自动装置的要求以及主接线的形式有关。

（1）电流互感器的配置。

①为了满足测量和保护装置的需要，在发电机、变压器、出线、母线分段及母联断路器、旁路断路器等回路中均设有电流互感器。对于大接地短路电流系统，一般按三相配置；对于小接地短路电流系统，依具体要求按两相或三相配置。

②对于保护用电流互感器应尽量消除主保护装置的不保护区。例如，若有两组电流互感器，且位置允许时应设在断路器两侧，使断路器处于交叉保护范围之中。

③为了减轻内部故障对发电机的损伤，用于自动调整励磁装置的电流互感器应配置在发电机定子绕组的出线侧。为便于分析和在发电机并入系统前发现内部故障，用于测量的电流互感器宜装设在发电机中性点侧。

（2）电压互感器的配置。

①母线除分路母线外，一般工作及备用母线都装有一组电压互感器，用于同期、测量仪表和保

护装置。

②线路 35kV 及以上输电线路，当两端有电源时，为了监视线路有无电压、进行同期和设置重合闸，装有一台单相电压互感器。

③发电机一般装两组电压互感器。一组（D，y 接线），用于自动调整励磁装置。另一组供测量仪表、同期和保护装置使用，该互感器采用三相五柱式或三只单相接地专用互感器，其开口三角形供发电机未并列之前检查接地之用。当互感器负荷太大时，可增设一组不完全星形连接的互感器，专供测量仪表使用。

④变压器低压侧有时为了满足同期或保护的要求，设有一组不完全星形接线的电压互感器。

1.1.3 任务分析与实施

1.1.3.1 任务分析

1. 高压断路器

（1）高压断路器的安装注意事项；

（2）高压断路器运行的一般要求；

（3）高压断路器的巡视检查任务；

（4）断路器的正常运行和维护；

（5）高压断路器的操作。

2. 高压隔离开关

（1）高压隔离开关的安装注意事项；

（2）高压隔离开关的操作方法；

（3）运行中的故障及处理；

（4）高压隔离开关的检修。

教学重点及难点：高压断路器、高压负荷开关的安装、运行和维护。

1.1.3.2 任务实施

1. 实施地点

生产性实训基地。

2. 器材需求

（1）多媒体设备；

（2）高压断路器、高压负荷开关。

3. 实施内容与步骤

（1）高压断路器的安装及运行维护。

1）高压断路器的安装。

高压断路器安装时应注意以下事项：

①安装前应检查断路器的规格是否符合使用要求。

②安装前应用 500 V 绝缘电阻表检查断路器的绝缘电阻，以在周围介质温度为（20±5）℃和相对湿度为 50%～70%时不小于 10MΩ 为合格，否则应先烘干处理才允许使用。

③应按照使用说明书规定的方式（如垂直）安装，不然，轻则影响脱扣动作的精度，重则影响通断能力。

④断路器应安装平整，不应有附加机械应力，否则对于塑料外壳式断路器，可能使绝缘基座因受应力而损坏，脱扣器的牵引杆（脱扣轴）因基座变形而卡死，影响脱扣动作，对于抽屉式产品，可能影响二次回路连接的可靠性。

⑤电源进线应接在断路器的上母线上，即灭弧室一侧的接线端上；而接负载的出线则应接在下母线上，即接在脱扣器一侧的接线端，否则影响断路器的分断能力。

⑥为防止发生飞弧，安装时应注意考虑一定的飞弧距离（产品样本或使用说明书中均提供此数据），即灭弧罩上部留右飞弧的空间。如果是塑料外壳式产品进线端的螺母线宜包上 200mm 长的绝缘物，有时还要求在进线端的相间加装隔弧板（将它插入绝缘外壳上的燕尾槽中）。

⑦如果有规定，自动开关出线端的连接线截面积应严格按规定选取，否则将影响过电流脱扣器的保护特性。

⑧安装塑料外壳式断路器时，有些产品需要将产品的盖子取下才能安装（如 DZ10 系列）。如果是带电动机操作机构的产品，必须注意操作机构在出厂时已分别调试过，不得互换，放卸装盖子时不应串换。如果是带插入式端子的产品（如 D212-60C 一类的产品），安装时应将插刀推到底，并把下方的安装压板旋紧，以免因碰撞而脱落。

⑨安装带电动机操作机构的塑料外壳式断路器时，应注意装上显示断路器所处工作状态的指示灯，因为这时已无法通过操作手柄的位置来判别断路器是闭合还是断开。

⑩带插入式端子的塑料外壳式断路器应安装在金属箱内（只有操作手柄外露），以免操作人员触及接线端，发生触电事故。

⑪凡设有接地螺钉的产品，均应可靠地接地。

⑫安装前应将自动开关操作数次，观察机构动作灵活与否及分合可靠与否。

⑬自动开关使用前应将脱扣器电磁铁工作面的防锈油脂抹去，以免影响电磁机构的动作灵敏性。

⑭过电流脱扣器的整定值一经调好就不允许随意改动，而且长期使用后要检查其弹簧是否生锈卡住，以免影响其动作。

⑮在断路器分断短路电流以后，应在切除上一级电源的情况下，及时检查其触头。若发现有弧烟痕迹，可用布抹净，若触头已烧毛，应细心修整。

⑯每使用一定次数（一般为 1/2 机械寿命）后，应给操作机构加润滑油。

⑰应定期清除断路器上的尘垢，以免影响操作和绝缘。

⑱定期检查各种脱扣器的动作值，有延时者还要检查其延时情况。

2）高压断路器运行的一般要求。

①断路器应有制造厂铭牌，断路器应在铭牌规定的额定值内运行。

②断路器的分、合闸指示器应易于观察且指示正确，油断路器应有易于观察的油位指示器和上下限监视线；SF_6 断路器应装有密度继电器或压力表，液压机构应装有压力表。

③断路器的接地金属外壳应有明显的接地标志。

④每台断路器的机构箱上应有调度名称和运行编号。

⑤断路器外露的带电部分应有明显的相色漆。

⑥断路器允许的故障跳闸次数，应列入《变电站现场运行规程》。

⑦每台断路器的年动作次数、正常操作次数和短路故障开断次数应分别统计。

3）高压断路器的巡视检查。

①运行和备用的断路器必须定期进行巡视检查。巡视检查的周期：有人值班的变电站每天当班巡视不少于三次，无人值班的变电站每周不少于一次。

②新投运断路器的巡视检查，周期应相对缩短，每天不少于四次。投运72h后转入正常巡视。

③夜间闭灯巡视，有人值班的变电站每周一次，无人值班的变电站每月二次。

④气象突变时，应增加巡视。

⑤雷雨季节雷击后应立即进行巡视检查。

⑥高温季节高峰负荷期间应加强巡视。

⑦油断路器巡视检查项目。

a．断路器的分、合闸位置指示正确，并与当时实际运行工况相符。

b．主触头接触良好。油断路器外壳温度与环境温度相比无较大差异，内部无异常声响。

c．油位正常，油色透明无炭黑悬浮物。

d．无渗、漏油痕迹，放油阀关闭紧密。

e．套管、瓷瓶无裂痕，无放电声和电晕。

f．引线的连接部位接触良好，无过热。

g．排气装置完好，隔栅完整。

h．接地完好。

i．防雨帽无鸟窝等杂物。

j．户外断路器栅栏完好，设备附近无杂草和杂物，配电室的门窗、通风及照明应良好。

⑧SF_6断路器巡视检查项目。

a．对于有SF_6压力表的断路器，每日定时检查SF_6气体压力，并和对应温度下的水平比较，判断是否正常；对于装SF_6密度继电器的断路器，应监视密度继电器动作及闭锁情况，禁止在SF_6气体不足时，分、合断路器。

b．断路器各部分及管道无异声（漏气声、振动声）及异味，管道夹头正常。

c．套管无裂痕，无放电声和电晕。

d．引线连接部位无过热，引线弛度适中。

e．断路器分、合闸位置指示正确，并和当时实际运行工况相符。

f．接地完好。

g．巡视环境条件，附近无杂物。

h．进入室内检查前，应先抽风3min，使用监测仪器检查元异常后，方可进入开关室。

⑨真空断路器巡视检查项目。

a．分合闸位置指示正确，并与当时实际运行工况相符。

b．支持绝缘子无裂痕及放电异常。

c．真空灭弧室无异常。

d．接地完好。

e．引线接触部位无过热，引线弛度适中。

⑩电磁机构巡视检查项目。

a．机构箱门平整、开启灵活，关闭紧密。

b．检查分、合闸线圈及合闸接触器线圈无冒烟异味。

c．直流电源回路线端子无松脱、无铜绿或锈蚀。

d．定期测试合闸保险完好。

⑪液压操作机构巡视检查项目。

a．机构箱门平整，开启灵活，关闭紧密。

b．检查油箱油位正常，无渗漏油。

c．高压油的油压在允许范围内。

d．每天记录油泵启动次数。

e．机构箱内无异味。

f．记录巡视检查结果：在运行记录簿上记录检查时间、巡视人员姓名和设备状况。

4）断路器的正常运行和维护。

①断路器的正常运行维护项目。

a．不带电部分的定期清扫。

b．配合停电进行传动部位检查，清扫瓷瓶积存的污垢及处理缺陷。

c．按设备使用说明书规定对机构添加润滑油。

d．油断路器根据需要补充或放油，放油阀渗油处理。

e．SF_6断路器根据需要补气，渗油处理。

f．检查合闸熔丝是否正常，核对容量是否相符。

②执行了断路器正常维护工作后，应记入记录簿待查。

5）高压断路器的操作。

①高压断路器操作的一般要求。

a．断路器经检修恢复运行，操作前应检查检修中的安全措施是否全部拆除，防误闭锁装置是否正常。

b．长期停运的断路器在正式执行操作前应通过远方控制方式进行试操作2～3次，无异常后方能按操作票拟定的方式操作。

c．操作前应检查控制回路、控制电源或液压回路均正常，储能机构已储能，继电保护和自动装置已按规定投入，即具备运行操作条件。

e．操作中应同时监视有关电压、电流、功率等表计的指示及红绿灯的变化。操作把手不宜返回太快（一般等红、绿灯变化正常后再放手）。

f．装有重合闸装置的断路器，正常操作分闸前，应先停用重合闸。

g．当液压机构正在打压时，不得操作断路器。

h．当断路器故障跳闸与规定允许次数只差1次时，应将重合闸装置停用，如已达到规定次数，应立即安排检修，不应再将其投入运行。

②正常运行的断路器操作时应注意检查的项目。

a．油断路器的油位是否正常。

b．SF_6断路器的气体压力在规定的范围内。

③操作断路器时操作机构应满足：

a．电磁机构在合闸操作前，检查合闸母线电压、控制母线电压均在合格范围。

b．操作机构箱门关好，栅栏门关好并上锁，脱扣部件均在复归位置。

c．SF_6断路器压力正常。

d．液压机构压力正常。

④运行中断路器几种异常操作的规定。

a．电磁机构严禁用杠杆或千斤顶进行带电合闸操作。

b．无自由脱扣的机构严禁就地操作。

c．液压操作机构，如因压力异常导致断路器分、合闸闭锁时，不准擅自解除闭锁进行操作。

⑤高压断路器故障状态下的操作规定。

a．高压断路器运行中，由于某种原因造成油断路器严重缺油，SF_6 断路器气体压力异常（如突然降至零等），严禁对断路器进行停、送电操作，应立即断开故障断路器的控制（操作）电源，及时采取措施，将故障断路器退出运行。

b．分相操作的断路器操作时，发生非全相合闸，应立即将已合上相拉开，重新操作合闸一次，如仍不正常，则应拉开已合上相，切断该断路器的控制（操作）电源，查明原因。

c．分相操作的断路器操作时，发生非全相分闸，应立即切断控制（操作）电源，手动将拒动相分闸，查明原因。

⑥高压断路器的异常运行和事故处理。

a．运行中的不正常现象及处理：运行人员在断路器运行中发现任何不正常现象（如漏油、渗油、油位指示器油位过低、液压机构异常、SF_6气压下降或有异声、分合闸指示不正确等）时，应及时予以消除，不能及时消除的，报告上级领导并记入相应运行记录簿和设备缺陷记录簿内；运行人员若发现设备有威胁电网安全运行且不停电难以消除的缺陷时，应向值班调度员汇报，及时申请停电处理，并报告上级领导。

b．高压断路器有下列情形之一者，应立即申请停电处理：套管有严重破损和严重放电现象；少油断路器灭弧室冒烟或内部有异常声响；油断路器严重漏油，油位看不见；SF_6气室严重漏气发出操作闭锁信号（或气压低于下限）；真空断路器出现真空破坏的“咝咝”声；液压机构压力降低，操作闭锁。

c．电磁操作机构常见的异常现象及可能的原因：拒绝合闸，操作电源及二次回路故障（直流电压低于允许值，熔丝熔断，辅助接点接触不良，二次回路断线，合闸线圈或合闸接触器线圈烧坏等），如将操作开关的手柄置于合闸位时信号灯不发生变化，可能是操作回路断线或熔断器熔断造成的；操作把手返回过早；机械部分故障（机构卡死，连接部分脱扣等）；如跳闸信号消失，合闸信号灯发光但随即熄灭而跳闸信号灯复亮。这可能是机械部分有故障而使锁住机构未能将操作机构锁在合闸位置造成的。应注意，当操作电压过高时也会发生这种现象，这是由于合闸时产生强烈的冲击，因此也会产生不能锁住的现象；SF_6 开关因气体压力降低而闭锁；SF_6 开关弹簧机构合闸弹簧未储能；液压机构压力降低至不许合闸。

e．拒绝分闸：操作电源及二次回路故障（熔丝熔断，辅助接点接触不良，跳闸线圈断；机械部分故障；SF_6 开关因气体压力降低而闭锁；液压机构压力降低至不许分闸。

f．电磁操作机构区别电气和机械故障，在操作时应检查直流合闸电流。如没有冲击，说明是电气故障；有冲击，则说明是机械故障。

⑦液压操作机构的异常现象及处理。

压力异常，压力表压力指示与贮氮筒行程杆位置不对应，与正常情况比较，压力表指示过高为液压油进入贮氮筒，压力表指示低为贮氮气泄漏；此时应申请调度，停用该开关；液压机构低压油路漏油，如果压力未降低至闭锁位置，可以短时维护运行；但要注意监视油压的变化并申请调度停用重合闸装置，汇报上级主管部门安排处理。有旁路的应申请调度用旁路开关代替运行，无旁路开关的应由调度安排停电处理；液压机构压力降低至不允许分合闸时，不许用该开关进行解列、闭合环网操作；液压机构压力降低，但未降至不许油泵打压的压力时（液压机构无漏油现象），可以手动打压至正常；降低至不许打压位置时则不允许打压；压力降低至不许分合闸时，应立即对开关采取防慢分措施（用卡子卡住该开关传动机构并将该开关转为非自动），汇报调度用旁路开关代替其运行或直接停用；液压机构压力过高，若压力过高而电触点压力表的电触点可以断开油泵电源时，应适当放压至合格压力，汇报主管部门安排处理；若压力过高而压力表电触点未能断开油泵电源时，运行人员应立即拉开油泵电源隔离开关，放压至合格压力，通知上级主管部门立即处理。

⑧高压断路器的事故处理。

断路器动作分闸后，运行人员应立即记录故障发生时间，停止音响信号，并立即进行事故巡视检查，判断断路器本身有无故障；断路器对故障分闸线路实行强送后，无论成功与否，均应对断路器外观进行仔细检查；断路器故障分闸时发生拒动，造成越级分闸，在恢复系统送电时，应将发生拒动的断路器脱离系统并保持原状，待查清拒动原因并消除缺陷后方可投入；SF_6断路器发生意外爆炸或严重漏气等事故，运行人员接近设备要慎重，室外应选择从顺风向接近设备，室内必须要通风，戴防毒面具，穿防护服；油断路器着火原因及处理：断路器外部套管污秽或受潮而造成对地闪络或相间短路；油不清洁或受潮而引起的断路器内部闪络；断路器切断时动作缓慢或者切断容量不足；油面上缓冲空间不足；切断强大电流时，油箱内压力太大。油断路器着火时，首先切断电源，使用干式灭火器灭火，如不能扑灭，再用泡沫灭火器灭火。

（2）高压隔离开关的安装及运行维护。

1）高压隔离开关的安装。

①安装前的外观检查。

高压隔离开关的外观检查主要指：隔离开关应按照产品使用说明书规定，检查型号规格是否与设计相符；检查零件有无损坏，刀片及触头有无变形，如有变形，应进行校正；检查动刀片与触头接触情况，如有铜氧化层，应用细纱布擦净，涂上凡士林，用0.55mm×10mm塞尺检查接触情况。对于线接触塞尺应塞不进去。对面接触在接触表面宽度为50mm及以下时，应不超过4mm；在接触表面宽度为60mm及以上时，应不超过6mm；用1000V或2500V绝缘电阻表测量绝缘电阻，额定电压为10kV的隔离开关的绝缘电阻应在800～1000MΩ以上。

②安装步骤及要求。

高压隔离开关应按照产品使用说明书规定的方式安装。用人力或滑轮吊装，把开关本体放于安装位置，使开关底座上的孔眼套在基础螺栓上，稍微拧紧螺母。用水平尺和线锤进行找正找平，校正位置，然后拧紧基础螺母。户外型的隔离开关在露天安装时，应水平安装，使带有瓷裙的支持绝缘子确实能起到防雨作用，如由于实际需要而以其他方式安装时，要注意使绝缘瓷裙不积水以及降低有雨淋时的绝缘水平。任何部件受力不超出其允许范围，同时操作力也不致明显增大，机械连锁不受到破坏。户内型的隔离开关在垂直安装时静触头在上方，带有套管的可以倾斜一定角度安装。一般情况下，静触头接电源，动触头负荷，但安装在电柜里的隔离开关，采用电缆进线时，则电源在动触头一侧，这种接法俗称“倒进火”；隔离开关两侧与母线及电缆的连接应牢固，遇有铜、铝导体接触时，应用铜、铝过渡接头，以防电化、腐蚀；安装操作机构，将操作机构固定在事先埋设好的支架上，并使其扇型板与隔离开关上的转动转杆在同一垂直平面上；连接操作拉杆，拉杆连接之前应将弯连接头连接在开关的传动转杆上（即转轴上）；直连接头连接在扇形板的舌头上，然后把调节元件拧入直连接头。操作拉杆应在开关和操作机构处于合闸时的位置；隔离开关的底座和操作机构的外壳安装接地螺栓，安装时应将接地线一端接在接地螺栓上，另一端与接地网接通，使其妥善接地。

③安装后的调整。

在开关本体、操作机构、操作拉杆全部安装好后，进行调整。调整的步骤为：第一次操作开关时，应慢慢合闸和断开。合闸时，应观察可动刀片有无侧向撞击，如开关有旁击现象，可改变固定触头的位置，使可动刀片刚好进入插口。可动刀片进入插口的深度应不小于90%，但也不能过大，以免冲击绝缘子的端部。可动刀片的固定融头的底部应保持3mm的间隙，如达不到应进行调整。调整方法是将直连接头拧进或拧出而改变操作拉杆的长度，调节开关轴上的制动螺钉、改变轴的旋转角度等，都可以调整刀片插入的深度。合闸时，三相刀片应同时投入，35 kV以下的隔离开关，各相前后相差不得大于3mm。当达不到要求时，可调整升降绝缘子连接螺钉的长度；开关断开时，其刀片的张开角度应符合制造厂的规定，如不符合要求应调整。其方法是：调整操作拉杆的长度和改变舌头扇形板上的位置；如隔离开关带有辅助触头时，应进行调整。合闸信号触头应在开关合闸行程的80%～90%时闭合，断开信号触头应在开关断开行程的75%时闭合，并用改变耦合盘的角度进行调整，必要时也可将其拆开重装；开关操作机构手柄的位置应正确，合闸时手柄应朝上，断开时手柄应朝下。合闸与断开操作完毕，其弹性机械销应自动地进入手柄末端的定位孔中；开关调整完毕后，应将操作机构的全部螺钉固定好，所有的开口销子必须分开，并进行数次断开、合闸操作，以观察开关的各部分是否有变形和失调现象。对于安装在成套配电箱内的隔离开关，只要进行调整后就可以投入运行。隔离开关在投入运行前不另做耐压试验，而与母线一起进行。

2）高压隔离开关的操作方法。

①无远方操作回路的隔离开关，拉动隔离开关时保证操作动作正确，操作后应检查隔离开关位置是否正常。

②必须正确使用防误操作装置，运行人员无权解除防误操作装置（事故情况除外）。

③手动操作，合闸时应迅速果断，但不宜用力过猛，以防震碎瓷瓶，合上后检查三相接触情况。合闸时发生电弧应将隔离开关迅速合上，禁止将隔离开关再次拉开。拉隔离开关时应缓慢而谨慎，刚拉开时如发生异常电弧，应立即反向，重新将隔离开关合上。如已拉开，电弧已断，则禁止重新合上。拉、合隔离开关结束后，机构的定位闭锁销子必须正确就位。

④电动操作，必须确认操作按钮分、合标志，操作时看隔离开关是否动作，若不动作要查明原因，防止电动机烧坏。操作后，检查刀片分、合角度是否正常并拉开电动机电源隔离开关。倒闸操作完后，拉开电动操作总电源隔离开关。

⑤带有地刀的隔离开关，主、地隔离开关间装有机械闭锁，不能同时合上，但都在断开位置时，相互间不能闭锁。这时应注意操作对象，不可错合隔离开关，防止事故发生。

3）运行中的故障及处理。

①高压隔离开关拒分拒合或拉合困难：传动机构的杆件中断或松动、卡涩。如销孔配合不好、间隙过大、轴销脱落、铸铁件断裂、齿条啮合不好、卡死等，无法将操动机构的运动传递给主触头；分、合闸位置限位止钉调整不当。合闸止钉间隙太小甚至为负值，未合到后位被提前限位，至使合不上。间隙太大，当合闸力很大时易使四连杆杆件超过死点，致使拒分；主触头因冰冻、熔焊等特殊原因导致拒分或分闸困难；电动机构电气回路或电动机故障造成拒分拒合。

在检修时要仔细观察，对症修理，切勿在超过兀点的情况下强行操作。

②高压隔离开关接触部分过热。隔离开关及引线触头温度一般不得超过 70℃，极限温度为110℃。接触部分过热由下列原因引起：接触表面脏污或氧化使接触电阻增大，应用汽油洗去脏污，铜表面氧化可用 00 号砂布打磨；镀银层氧化可用 25%浓氨水浸泡 20min 后用清水冲洗干净，再用硬尼龙刷除去表面硫化银层，复装后接触表面涂一层中性凡士林；触头调整不当，接触面积小，应重新调整触头接触面，使符合要求；触头压紧弹簧变形或压紧螺钉松动，应更换弹簧或重新压紧螺钉，调整弹簧压力；隔离开关选择不当，额定电流偏小，或负荷电流增加，应更换额定电流较大的隔离开关。

4）高压隔离开关的检修。

①小修周期和项目。

隔离开关的小修一般每年进行一次，污秽严重的地区应适当缩短周期。小修的项目：绝缘子的清洁检查；传动系统和操动机构的清洁检查；导电部分的清洁检查、修理；接线端子及接地端的检查；分、合闸操作试验。

②大修周期和项目。

隔离开关每 3～5 年或操作达 1000 次时应进行一次大修，大修的项目：支柱绝缘子及底座的检修；导电回路的检修；传动系统和操动机构的检修；除锈刷漆；机械调整与电气试验。

③支柱绝缘子及底座的检修。

清除隔离开关绝缘子表面的灰尘、污垢，检查有无机械损伤，若有不影响机械和电气强度的小片破损。可用环氧树脂加石英砂调好后修补，损伤严重的应予更换；检查绝缘子与铁件间的胶合剂是否发生了膨胀、收缩、松动。若有不良情况，应更新胶合或更换；污秽地区的支柱绝缘子表面应涂防污涂料；检查并旋紧支持底座或构架的固定螺钉；接地端、接地线应完整无损，紧固良好。

④导电回路的检修。

清洁并检查导电部分有无损坏变形，轻微变形应予以校正，严重的应更换。对工作电流接近于额定电流的隔离开关或因过热而更换新触头、导电系统拆动较大的隔离开关，应进行接触电阻试验；汽油清洗掉触头部分的脏污和油垢，用细砂布打磨掉触头接触表面的氧化膜，用锉刀修整烧斑，在接触表面涂上中性凡士林。检查所有的弹簧、螺钉、垫圈、开口销，屏蔽罩、软连接、轴承等应完整无缺陷，修整或更换损坏的元件，轴承上润滑油后装复；清洗打磨闸刀接线端子，涂二层电力复合脂后上好引线；合闸后用 0.05mm×10mm 塞尺检查触头的接触压力，对于线接触的应塞不进去。

⑤传动部分的检修。

清扫掉外露部分的污垢与锈蚀，检查拉杆、拐臂、传动轴等部分应无机械变形或损伤，动作灵活，销钉齐全，配合适当；活动部分的轴承、蜗轮等处用汽油清洗掉油泥后加钙基脂或注入适量的润滑油；根据检查情况决定是否吊起传动支柱绝缘子，对下面的转动轴承进行清洗并加润滑脂；检查动作部分对带电部分的绝缘距离应符合要求。限位器、制动装置应安装牢固，动作准确。

⑥操动机构的检修。

手动操动机构：检查手动操动机构紧固情况，特别是当操作机构装在开关柜中的钢板或夹紧在水泥构架上时，应检查有无受力变位的情况，发现异常应进行调整或加固；清洁并检查手动机构，对转动部分加润滑脂或润滑油，操作应灵活无卡涩；调节机构的机械闭锁达到：隔离开关在合闸位置时，闭锁接地开关不能合闸；接地开关在合闸位置时，闭锁隔离开关不能合闸。

电动操动机构：用手柄操动机构检查各转动部件是否灵活，辅助开关和行程开关能否正常切换；

检查所有连接件，紧固件有无松动现象；检查齿轮、丝杠、丝母、联板拐臂等主要部件应无损坏变形，清洁后在各转动部分加润滑脂。检查电动机完好无缺陷，转向正确，必要时给电机轴承加润滑脂；检查控制回路导线，二次电气元件有无损坏，接触是否良好，分合闸指示是否正确。

⑦辅助开关的检修。

辅助开关除了保证其动作灵活，分、合接触可靠之外，对于常开触头应调整在隔离开关主刀闸与静触头接触后闭合；常闭触头则应在主刀闸完成全分闸过程的75%以后打开。

检修完毕，当确信机构各部件一切正常，并在转动摩擦部位都涂上工业用润滑油脂后，先用手动操作3～5次，然后接通电源，试用电动操作。

任务二　高压开关柜的安装与调试

1.2.1　任务要求

（1）认识高压开关柜。

（2）了解高压开关柜的结构、工作原理和适用范围。

1.2.2　相关知识

1.2.2.1　高压开关柜的认识

高压开关柜是指用于电力系统发电、输电、配电、电能转换和消耗中起通断、控制或保护等作用，电压等级在3.6kV～550kV的电器产品，高压隔离开关与接地开关、高压负荷开关、高压自动重合与分段器，高压操作机构、高压防爆配电装置和高压开关柜等几大类。

高压开关由柜体和断路器两大部分组成，柜体由壳体、电器元件（包括绝缘件）、各种机构、二次端子及连线等组成。

高压开关柜的分类：

（1）按路器安装方式分为移开式（手车式）和固定式。

（2）按安装地点分为户内和户外。

（3）按柜体结构可分为金属封闭铠装式开关柜、金属封闭间隔式开关柜、金属封闭箱式开关柜和敞开式开关柜四大类。

高压开关柜型号的表示和含义如下：

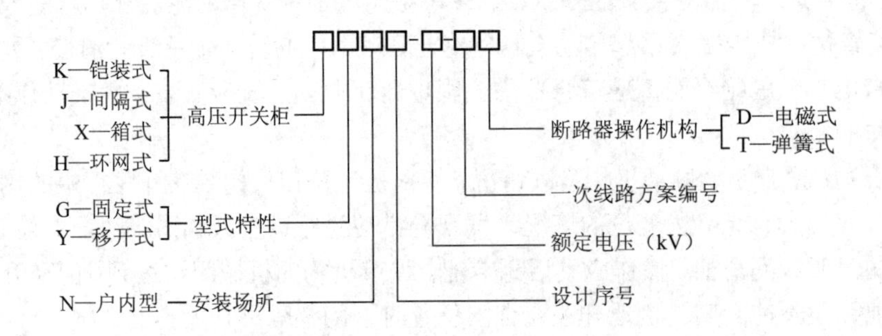

1.2.2.2 固定式高压开关柜

在一般中小型工厂中普遍采用较为经济的固定式高压开关柜。我国现在大量生产和广泛应用的固定式高压开关柜主要为GG-1A(F)型。这种防误型开关柜装设了防止电气误操作和保障人身安全的闭锁装置，即所谓“五防”——①防止误分、误合断路器；②防止带负荷误拉、误合隔离开关；③防止带电误挂接地线；④防止带接地线误合隔离开关；⑤防止人员误入带电间隔。

GG-1A(F)-07S 型固定式高压开关柜的结构如图 1-11 所示。

（a）外观

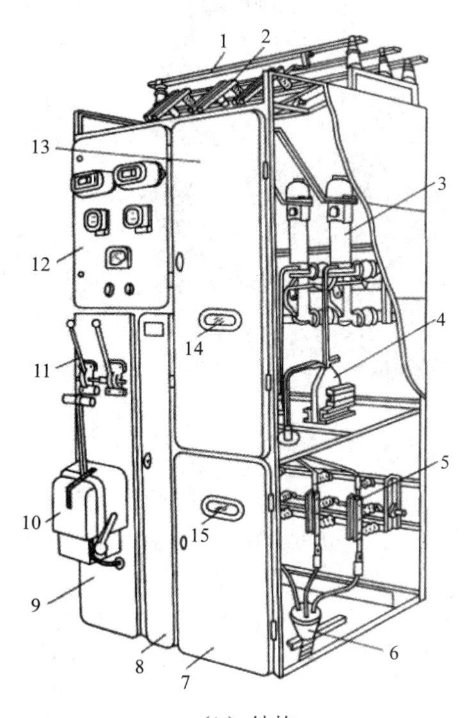

（b）结构

1—母线；2—母线侧隔离开关（QS1，GN8-10 型）；3—少油断路器（QF，SN10 -10 型）；4—电流互感器（TA，LQJ-10 型）；5—线路侧隔离开关（QS2，GN6-10 型）；6—电缆头；7—下检修门；8—端子箱门；9—操作板；10—断路器的手动操动机构（CS2 型）；11—隔离开关的操动机构手柄；12—仪表继电器屏；13—上检修门；14、15—观察窗口

图 1-11 GG-1A(F)-07S 型高压开关柜（断路器柜）

1.2.2.3 铠装式金属封闭开关柜

开关柜由固定的柜体和可抽出部件（简称手车）两大部分组成，柜体的外壳和各功能单元的金属隔板均采用螺栓连接。其内部安装的电气元件如图 1-12（b）所示。开关柜外壳防护等级是 IP4X，断路器室门打开时的防护等级为 IP2X。开关柜可配用真空断路器手车，也可配用固定式负荷开关。

1. 开关设备按用途可分为若干功能单元

（1）外壳与隔板：开关柜的外壳和隔板是由覆铝锌钢板经计算机数控（CNC）机床加工和多重折弯之后组装而成，因此装配好的开关柜能保持尺寸上的统一性。它具有很强的抗腐蚀与抗氧化作用，并具有比同等钢板更高的机械强度。开关柜被隔板分隔成手车隔室、母线隔室、电缆隔室、仪表隔室（低压室），每一隔室外壳均独立接地。开关柜的门采用喷塑工艺，使其表面抗冲击、耐腐蚀，保证了外形的美观。

（2）手车：手车骨架采用钢板经 CNC 机床加工后铆接而成。

根据用途，手车可分为断路器手车、电压互感器手车、计量手车等。各类手车的高度、深度统一，相同规格的手车能互换。手车在柜内有隔离/试验位嚣和工作位置，每一位置均设有定位装置，以保证手车处于以上特定位置时不能随便移动，而移动手车时必须解除位置闭锁，断路器手车在移动之前须使断路器先分闸。

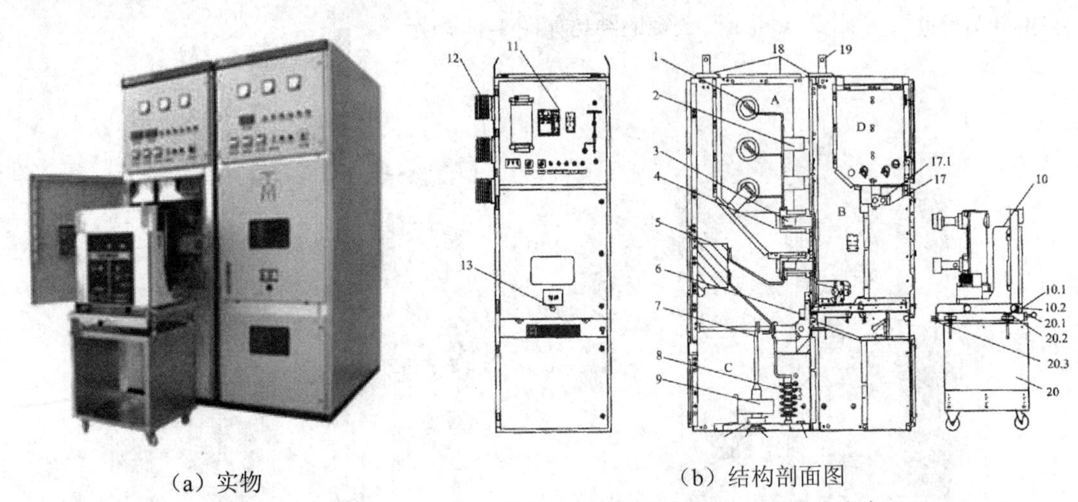

（a）实物　　　　（b）结构剖面图

隔室：A－母线室；B－断路器室；C－电缆室；D－继电器仪表室

主要部件：1－母线；2－绝缘子；3－静触头；4－触头盒；5－电流互感器；6－接地开关；7－电缆终端；8－避雷器；9－零序电流互感；10－断路器手车；10.1－滑动把手；10.2－锁键（连到滑动把手）；11－控制和保护单元；12－穿墙套管

主要附件：13－丝杠机构操作孔；14－电缆夹；15.1－电缆密封圈；15.2－连接板；16－接地排；17－二次插头；17. 1－联锁杆；18－压力释放板；19－起吊耳；20－运输小车；20. 1－锁杆；20.2－调节轮；20.3－导向杆

图 1-12　手车式（又称移开式）高压开关柜

2. 开关柜内的隔室构成

（1）断路器隔室：在断路器室 B 安装了供断路器手车滑行的导轨。手车能在工作位置、试验/隔离位置之间移动。活动帘板由金属板制成，安装在手车室的后壁上。手车从隔离/试验位置移动至工作位置过程中，装在静触头装置前的活动帘板自动地打开，反方向移动手车，活动帘板自动闭合，把静触头盒封闭起来，从而保障了操作人员不触及带电体。手车在开头柜的门关闭情况下被操作，通过观察窗可以看到手车在柜内所处的位置，同时也能看到手车上的 ON（断路器合闸）/OFF（断路器分闸）操作按钮和 ON/OFF 机械位置指示器以及储能/释能状况指示器。

（2）可抽出式断路器手车：车架由钢板组装而成，手车上装有真空断路器和其他辅助设备。带有弹簧触指系统的一次动触头通过臂杆装在断路器的出线端子上，断路器操作机构的控制按钮和分合闸位置指示等均设在手车面板上，以方便操作。手车进入开关柜内到达隔离/试验位置时，手车外壳与开关相接地系统可靠接通，仪表保护和控制线路也通过二次插头与开关柜连通。

（3）母线隔室：母线由绝缘套管支撑从一个开关柜引至另一个开关柜，通过分支母线和静触头盒相连接。主母线与联络母线为矩形截面的圆角铜排。用子大电流负荷时需要用根矩形母线。全部母线用热缩套管覆盖。全绝缘母线系统极大地减少母线室内部故障的发生概率。排列各柜体的母线室互相隔离，万一柜内发生内部故障，游离气体不会导入相邻柜体，避免故障蔓延。

（4）电缆隔室：电缆隔室的后壁可安装电流互感器、电压互感器、接地开关，电缆室内也能安装避雷器。手车和水平隔板移开后，施工人员就能从正面进入开关柜安装电缆，在电缆室内设有特定的电缆连接导体，可并接1～6根单芯电缆，同时在其下部还配制可拆卸的金属封板，以提供现场施工的方便。

（5）仪表隔室：仪表隔室内可装继电保护元件、仪表、带电监察指示器以及特殊要求的二次设备。控制线路敷设在足够空间并有金属盖板的线槽内，左侧线槽是为控制小母线的引进和引出预留的。仪表隔室的侧板上还留有小母线穿越孔位以便施工。

3. 防止误操作连锁装置

开关柜具有可靠的连锁装置，为操作人员与设备提供可靠的安全保护，其作用如下：

（1）手车从工作位置移至隔离/试验位置后，活动帘板将静触头盒隔开，防止误入带电隔室。检修时，可用挂锁将活动帘板锁定。

（2）断路器处于闭合状态时，手车不能从工作位置拉出或从隔离/试验位避推至工作位置；断路器在手车已充分锁定在试验位置或工作位置时才能进行合分闸操作。

（3）接地开关仪在手车处于隔离/试验位置及柜外时才能被允许操作，当接地开关处于合闸状态时，手车不能从隔离/试验位置推至工作位置。

（4）手车在工作位置时，二次插头被锁定不能拨开。

4. 压力释放装置

在手车隔室、母线隔室和电缆隔室的上方均设有压力释放装置，当断路器或母线发生内部故障电弧时，伴随电弧的出现，开关柜内部气压升高，顶部装配的压力释放金属板将被自动打开，释放压力和排泄气体，以确保操作人员和开关柜的安全。

5. 二次插头与手车的位置连锁

开关柜上的二次线与手车的二次线的连接是通过二次插头来实现的。二次插头的动触头端导线外套一个尼龙波纹管与手车相连，二次静触头座装设在开关柜断路器隔室的右上方。手车只有在试验/隔离位置时，才能插上和解除二次插头，手车处于工作位置时由于机械连锁作用，二次插头被锁定，不能解除。

6. 带电显示装置

开关柜内设有带电显示装置。该装置由高压传感器和显示器两部分组成。传感器安装在母线或馈线侧，显示器安装在开关柜仪表室门上，当需检测A、B、C三相是否带电时，可按下显示器的按钮，如果显示器发出指示，则表示母线或馈线侧带电，反之，则说明不带电。

1.2.3 任务分析与实施

1.2.3.1 任务分析

高压配电装置安装：

1. 元器件布置

（1）母线及隔离开关布置；

（2）断路器及其操作机构布置；

（3）互感器和避雷器布置；

（4）电抗器布置；

（5）配电装置的通道和出口布置；

（6）电缆隧道及电缆沟布置。

2. 高压开关柜的安装

（1）主体安装；

（2）母线的安装；

（3）电缆的安装；

（4）开关柜接地装置；

（5）开关设备安装后的检查。

3. 倒闸操作

教学重点及难点：高压开关柜的安装、运行维护、操作。

1.2.3.2 任务实施

1. 实施地点

生产性实训基地。

2. 器材需求

（1）多媒体设备；

（2）高压开关柜。

3. 实施内容与步骤

（1）高压配电装置的布置原则。

1）总体布置。

同一回路的电器和导体应布置在一个间隔内，间隔之间及两段母线之间应分隔开，以保证检修安全和限制故障范围；尽量将电源布置在一段的中部，使母线截面通过较小的电流，但有时为了连接的方便，根据主厂房或变电站的布置而将发电机或变压器间隔设在一段母线的两端：较重的设备（如变压器、电抗器）布置在下层，以减轻楼板的荷重并便于安装；充分利用间隔的位置；布置对称，便于操作；有利于扩建。

2）母线及隔离开关。

母线通常装在配电装置的上部，一般呈水平、垂直和直角三角形布置，水平布置设备安装比较容易。垂直布置时，相间距离较大，无需增加间隔深度；支持绝缘子装在水平隔板上，绝缘子间的距离可取较小值，因此，母线结构可获得较高的机械强度。但垂直布置的结构复杂，并增加建筑高度，垂直布置可用于20kV以下、短路电流很大的装置中。直角三角形布置方式，其结构紧凑，可充分利用间隔高度和深度。

母线相间距离决定于相间电压，并考虑短路时的母线和绝缘子的电动力稳定与安装条件。在6～10kV小容量装置中，母线水平布置时，为250～350mm；垂直布置时，为700～800mm；35kV母线水平布置时，为500mm。

双母线布置中的两组母线应以垂直的隔板分开，这样，在一组母线运行时，可安全地检修另一组母线。

母线隔离开关通常设在母线的下方。为了防止带负荷误拉隔离开关造成电弧短路，并燃烧至母线，在双母线布置的屋内配电装置中，母线与母线隔离开关之间宜装设耐火隔板。为确保设备及工作人员的安全，屋内外配电装置应设置闭锁装置，以防止带负荷误拉隔离开关、带接地线合闸、误入带电间隔等电气误操作事故。

3）断路器及其操作机构。

断路器通常设在单独的小室内。屋内的单台断路器、电压互感器、电流互感器，总油量超过600kg时，应装在单独的防爆小室内；总油量为60～600kg时，应装在有防爆隔墙的小室内；总油量在60kg以下时，一般可装在两侧有隔板的敞开小室内。

为了防火安全，屋内的单台断路器、电流互感器、总油量在60kg以上及10kV以上的油浸式电压互感器，应设置贮油或挡油设施。

断路器的操动机构设在操动通道内。手动操动机构和轻型远距离控制操动机构均装在壁上，重型远距离控制操动机构（如CD3型等）则落地装在混凝土基础上。

4）互感器和避雷器。

电流互感器无论是干式或油浸式，都可以和断路器放在同一个小室内。穿墙式电流互感器应尽可能作为穿墙套管使用。

电压互感器经隔离开关和熔断器（60kV及以下采用熔断器）接到母线上，它需占用专门的间隔，但在同一间隔内，可以装设几个不同用途的电压互感器。

当母线上接有架空线路时，母线上应装设阀型避雷器，由于其体积不大，通常与电压互感器共用一个间隔，但应以隔层隔开。

5）电抗器。

电抗器比较重，多布置在第一层的封闭小室内。电抗器按其容量不同有三种不同的布置方式：三相垂直布置、品字形布置和三相水平布置。

6）配电装置的通道和出口。

配电装置的布置应便于设备操作、检修和搬运，故须设置必要的通道（走廊）。凡用来维护和搬运配电装置中各种电气设备的通道，称为维护通道；如通道内设有断路器（或隔离开关）的操动机构、就地控制屏等，称为操作通道；仅和防爆小室相通的通道，称为防爆通道。配电装置室内各种通道的最小宽度，不应小于表1-1所示的数值。

表1-1　配电装置室内各种通道的最小宽度（净距）　单位：m

通道分类 / 布置方式	维护通道	操作通道		防爆通道
		固定式	移动式	
一面有开关设备	0.8	1.5	单车长+1.2	1.2
两面有开关设备	1.0	2.0	双车长+0.9	1.2

为了保证配电装置中工作人员的安全及工作便利，不同长度的屋内配电装置，应有一定数目的出口。长度小于7m时，可设一个出口；长度大于7m时，应有两个出口（最好设在两端）；当长度大于60m时，在中部适当的地方再增加一个出口。配电装置出口的门应向外开，并应装弹簧锁，相邻配电装置室之间如有门时，应能向两个方向开启。

7）电缆隧道及电缆沟。

电缆隧道及电缆沟是用来放置电缆的。电缆隧道为封闭狭长的构筑物，高1.8m以上，两侧设有数层敷设电缆的支架，可容纳较多的电缆，人在隧道内能方便地进行敷设和维修电缆工作。电缆隧道造价较高，一般用于大型电厂。电缆沟为有盖板的沟道，沟深与宽不足1m，敷设和维修电缆必须揭开水泥盖板，很不方便。沟内容易积灰，可容纳的电缆数量也较少；但土建工程简单，造价较低，常为变电站和中、小型电厂所采用。

为确保电缆运行的安全，电缆隧道（沟）应设有0.5%～1.5%排水坡度和独立的排水系统。电缆隧道（沟）在进入建筑物处，应设带门的耐火隔墙（电缆沟只设隔墙），以防发生火灾时烟火向室内蔓延扩大事故，同时，也防止小动物进入室内。

为使电力电缆发生事故时不致影响控制电缆，一般将电力电缆与控制电缆分开排列在过道两侧。如布置在一侧时，控制电缆应尽量布置在下面，并用耐火隔板与电力电缆隔开。

8）屋内配电装置的采光和通风配电装置室可以开窗采光和通风，但应采取防止雨雪和小动物进入室内的措施。

（2）高压开关柜的安装。

1）主体安装。

①按工程需要与图样标示，将开关柜运至它们特定的位置，如果一排较长的开关柜排列（10台以上），拼柜工作应从中间部位开始。

②用特定的运输工具如吊车或叉车，严禁用滚筒撬棍。

③从开关柜内抽出断路器手车，另放别处妥善保管。

④在母线隔室前面松开固定螺栓，卸下垂直隔板。

⑤松开断路器隔室下面水平隔板的固定螺栓，并将水平隔板卸下。

⑥松开和移去底板。

⑦从开关柜左侧控制线槽移去盖板。右前方控制线槽板亦同时卸下。

⑧在基础上一个接一个安装开关柜，包括水平和垂直两个方面，开关柜安装不平度不得超过2mm。

⑨当开关柜完全组合（拼接）好后，可用地脚螺栓将其与基础槽钢相连或用电焊与基础槽钢焊牢。

2）母线的安装。

开关设备中的母线采用矩形母线，且分段形式，当选用不同电流时所选用的母线只是数量规格不一，因而在安装时必须遵照下列的步骤：

①用清洁干燥的软布擦揩母线，检查绝缘套管有否损伤，在连接部位涂上导电膏或者中性凡士林。

②一个柜接一个柜的安装母线，将母线段和对应的分支小母线接在一起用螺栓连接时应插入合适的垫块，用螺栓拧紧。

3）电缆的安装。

①按开关柜的一次方案图和二次接线图，在规定的位置上连接好电缆线。

②封堵好电缆孔。

4）开关柜接地装置。

①用预设的连接板将各柜的主接地母线连接在一起。

②在开关柜内部连接所有接地的引线。

③将接地闸刀的接地线与开关柜主接地母线连接。

④将开关柜主接地母线与接地网相连。

5）开关设备安装后的检查。

当开关设备安装就位后，清楚柜内设备上的灰尘杂物，然后检查全部紧固螺栓有无松动，接线有无脱落。将断路器在柜中推进、推出，并进行分合闸动作，观察有无异常，将仪表的指针调整到零位，根据线路图检查二次接线是否正确。对继电器进行调整，检查连锁是否有效。

（3）倒闸操作。

运行中的电气设备，系指全部带有电压或一部分带有电压以及一经操作即带有电压的电气设备。所谓一经操作即带有电压的电气设备，是指现场停用或备用的电气设备，它们的电气连接部分和带电部分之间只用断路器或隔离开关断开，并无拆除部分，一经合闸即带有电压。因此，运行中的电气设备具体指的是现场运行、备用和停用的设备。

1）电气设备的状态。

电气设备有运行、热备用、冷备用和检修四种不同的状态。

运行状态：电气设备的运行状态是指断路器及隔离开关都在合闸位置，电路处于接通状态。

热备用状态：电气设备的热备用状态是指断路器在断开位置，而隔离开关仍在合闸位置，其特点是断路器一经操作即可接通电源。

冷备用状态：电气设备的冷备用状态是指设备的断路器及隔离开关均在断开位置。其显著特点是该设备（如断路器）与其他带电部分之间有明显的断开点。设备冷备用根据工作性质分为断路器冷备用与线路冷备用等。

检修状态：电气设备的检修状态是指设备的断路器和隔离开关均已断开，并采取了必要的安全措施。电气设备检修根据工作性质可分为断路器检修和线路检修等。

①断路器检修是指设备的断路器与其两侧隔离开关均拉开，断路器的操作熔断器及合闸电源熔断器均已取下，在断路器两侧装设了保护接地线或合上接地隔离开关，并做好安全措施。检修的断路器若与两侧隔离开关之间接有电压互感器（或变压器），则应将该电压互感器的隔离开关应拉开或取下高低压熔丝，高压侧无法断开时则取下低压熔丝，如有母联差动保护，则母联差动电流互感器回路应拆开并短路接地（二次回路应作相应的调整）。

②线路检修是指线路断路器及其两侧隔离开关拉开，并在线路出线端挂好接地线（或合上线路接地隔离开关）。如有线路电压互感器（或变压器），应将其隔离开关拉开或取下高低压熔断器。

③主变压器检修亦可分为断路器或主变压器检修。挂接地线或合上接地隔离开关的地点应分别在断路器两侧或变压器各侧。

④母线检修状态是指该母线从冷备用转为检修，即在冷备用母线上挂好接地线（或合上母线接地隔离开关）。母线由检修转为冷备用，是指拆除该母线的接地线，应包括母线电压互感器转为冷备用。母线从冷备用转为运行，是指有任一路电源断路器处于热备用状态，一经合闸，该母线即可带电，包括母线电压互感器转为运行状态。

2）倒闸操作的概念。

在发电厂或变电所中，电气设备有四种不同的状态，即使在运行状态，也有多种运行方式。将电气设备由一种状态转变到另一种状态的过程称为倒闸，所进行的操作被称为倒闸操作。所谓改变电气设备的状态，就是拉开或合上某些断路器和隔离开关，包括断开或投入相应的直流回路；改变继电保护和自动装置的定值或运行状态；拆除或安装临时接地线等。

3）倒闸操作的组织措施和技术措施。

组织措施是指电气运行人员必须树立高度的责任感和牢固的安全思想，认真执行操作票制度、工作票制度、工作许可制度、工作监护制度以及工作间断、转移和终结制度等。

技术措施就是采用防误操作装置，即达到五防的要求：防止误拉合断路器，防止带负荷拉合隔离开关，防止带地线合闸，防止带电挂接地线，防止误入带电间隔。

常用的防误操作装置主要有：

①机械闭锁。

②电磁闭锁。

③电气闭锁。

④红绿牌闭锁。

⑤微机防误操作装置。微机防误操作装置又称电脑模拟盘，是专门为电力系统防止电气误操作事故而设计的，它由电脑模拟盘、电脑钥匙、电编码开锁、机械编码锁等部分组成。可以检验及打印操作票，同时能对所有的一次设备强制闭锁。

4）保证安全的技术措施。

在全部停电或部分停电的电气设备上工作，必须完成下列措施：

①停电。

②验电。

③装设接地线。

④悬挂表示牌和装设遮拦。

5）倒闸操作的实施。

倒闸操作时，现场必须具备以下几个条件：所有电气一次、二次设备必须标明编号和名称、字迹清楚、醒目，设备有传动方向指示、切换指示，以及区别相位的颜色；设备应达到防误要求，如不能达到，需经上级部门批准；控制室内要有和实际电路相符的电气一次模拟图和二次回路的原理图和展开图；要有合格的操作工具、安全用具和设施等；要有统一的、确切的调度术语、操作术语；值班人员必须经过安全教育、技术培训，熟悉业务和有关规章、规程规范制度，经评议、考试合格、主管领导批准、公布值班资格（正、副职）名单后方可承担一般操作和复杂操作，接受调度命令，进行实际操作或监护工作。

6）倒闸操作的基本要求。

①倒闸操作前，必须了解系统的运行方式、继电保护及自动装置等情况，并应考虑电源及负荷的合理分布以及系统运行的情况。

②在电气设备服役前必须检查有关工作票、安全措施拆除情况。

③倒闸操作前应考虑继电保护及自动装置整定值的调整，以适应新的运行方式的需要，防止因继电保护及自动装置误动或拒动而造成事故。

二次部分调整内容如下：电压互感器二次负载的切换；厂用（所用）变压器电源的切换；直流电源的切换；交流电源、电压回路和直流回路的切换；根据一次接线，调整二次跳闸回路（例如母联差动保护跳闸回路的调整，继电保护及自动装置改接和连跳断路器的调整等）；根据一次接线，决定母联差动保护的运行方式；断路器停役，二次回路工作需将电流互感器短接退出，以及断路器停役时根据现场规程决定断路器失灵保护停用；有综合重合闸的线路，其综合重合闸与线路高频、距离、零序保护的连接方式，保护整定单上均有明确说明；现场规程规定的二次回路需作调整的其他有关内容。

④备用电源自动投入装置、重合闸装置、自动励磁装置必须在所属设备停运前退出运行，在所属主设备送电后投入运行。

⑤在进行电源切换或电源设备倒母线时，必须先将备用电源投入装置停用，操作结束后进行调整。

⑥在同期并列操作时，应注意防止非同期并列。

⑦在倒闸操作过程中应注意分析表计指示。

⑧在下列情况下，应将断路器的操作电源切断，即取下直流操作回路熔断器。

a．检修断路器；

b．在二次回路及保护装置上工作；

c．在倒母线操作过程中拉合母线隔离开关，必须先取下母联断路器的操作回路熔断器，以防止在拉合隔离开关时母联断路器跳闸而造成带负荷拉、合隔离开关；

d．操作隔离开关前应先检查断路器在分闸位置，以防止在操作隔离开关时断路器在合闸位置而造成带负荷拉、合隔离开关；

e．在继电保护故障情况下，应取下直流操作回路熔断器，以防止因断路器误合、误跳而造成停电事故；

f．当断路器严重缺油、看不到油位或大量漏油时，应取下直流操作回路熔断器并及时向调度员汇报，要求用旁路断路器代其供电，将该断路器退出运行。

g．操作中应用合格的安全工具。

7）断路器和隔离开关倒闸操作的规定。

断路器的操作：

①用控制开关拉合断路器时，不要用力过猛，以免损坏控制开关，操作时不要返回太快，以免断路器合不上或拉不开。

②设备停役操作前，对终端线路应先检查负荷是否为零。

③断路器操作后，应检查与其相关的信号，如红绿灯、光字牌的变化，测量表计的指示。装有三相电流表的设备，应检查三相表计，并到现场检查断路器的机械位置以判断断路器分合的正确性，避免由于断路器假分假合造成误操作事故。

④操作主变压器断路器退出运行时，应先拉开负荷侧，后拉开电源侧，恢复运行时，顺序相反。

⑤如装有母联差动保护时，当断路器检修或二次回路工作后，断路器投入运行前应先停用母联差动保护再合上断路器，充电正常后才能用上母联差动保护。

⑥断路器出现非全相合闸时，首先要恢复其全相运行。

⑦断路器出现非全相分闸时，应立即设法将未分闸相拉开，如仍拉不开，应利用母联或旁路进行倒换操作，之后通过隔离开关将故障断路器隔离。

⑧对于储能机构的断路器，检修前必须将能量释放，以免检修时引起人员伤亡。

⑨断路器累计分闸或切断故障电流次数（或规定切断故障电流累计值）达到规定，应停电检修。

隔离开关操作：

①拉合隔离开关前必须查明有关断路器和隔离开关的实际位置，隔离开关操作后应查明实际分合位置。

②手动合上隔离开关时，必须迅速果断。

③手动拉开隔离开关时，应慢而谨慎。

④装有电磁闭锁的隔离开关当闭锁失灵时，应严格遵守防误装置解锁规定，认真检查设锁的实际位置，并得到当班调度员同意后，方可解除闭锁进行操作。

⑤电动操作的隔离开关如遇电动失灵，应查明原因和与该隔离开关有闭锁关系的所有断路器、隔离开关、接地开关的实际位置，正确无误才可拉开隔离开关操作电源而进行手动操作。

⑥隔离开关操作机构的定位销操作后一定要销牢，以免滑脱发生事故。

⑦隔离开关操作后，检查操作应良好，合闸时三相同期且接触良好；分闸时判断断口张开角度或闸刀拉开距离应符合要求。

项目二

低压配电柜的安装与调试

1. 掌握低压断路器的安装及运行维护的方法。
2. 掌握隔离开关的安装及运行维护的方法。
3. 掌握负荷开关的安装及运行维护的方法。
4. 掌握高压设备的安装与运行维护。

任务一　低压配电元件的选择

2.1.1　任务要求

（1）认识低压熔断器、低压断路器、低压负荷开关、低压配电屏。

（2）了解低压熔断器、低压断路器、低压负荷开关、低压配电屏的结构、工作原理和适用范围。

（3）了解负荷计算。

2.1.2　相关知识

2.1.2.1　低压电气设备选择

1. 低压熔断器

低压熔断器的功能主要是实现低压配电系统的短路保护，有的熔断器也能实现过负荷保护。

低压熔断器的类型很多，如插入式（RC 型）、螺旋式（RL 型）、无填料密封管式（RM 型）、有填料封闭管式（RT 型）以及引进技术生产的有填料管式 gF、aM 系列、高分断能力的 NT 型等。

国产低压熔断器全型号的表示和含义如下：

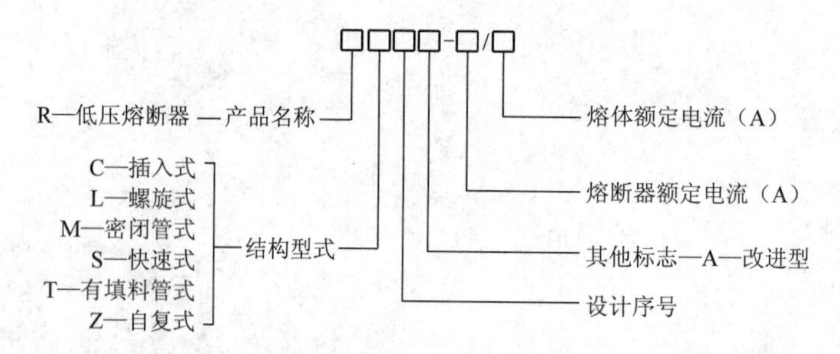

下面主要介绍低压配电系统中应用较多的密闭管式（RM10）和有填料封闭管式（RT0）两种低压熔断器，此外介绍一种自复式（RZ1）熔断器。

（1）RM10 型低压密闭管式熔断器。

RM10 型熔断器由纤维熔管、变截面锌熔片和触头底座等部分组成，其熔管结构如图 2-1（b）所示，其熔管内安装的变截面锌熔片如图 2-1（c）所示。锌熔片之所以冲制成宽窄不一的变截面，目的在于改善熔断器的保护性能。短路时，短路电流首先使熔片窄部（阻值较大）加热熔断，使熔管内形成几段串联短弧，而且中段熔片熔断后跌落，迅速拉长电弧，从而使电弧迅速熄灭。在过负荷电流通过时，由于电流加热时间较长，熔片窄部散热较好，因此往往不在窄部熔断，而在宽窄之间的斜部熔断。根据熔片熔断的部位，即可大致判断熔断器熔断的故障电流性质。

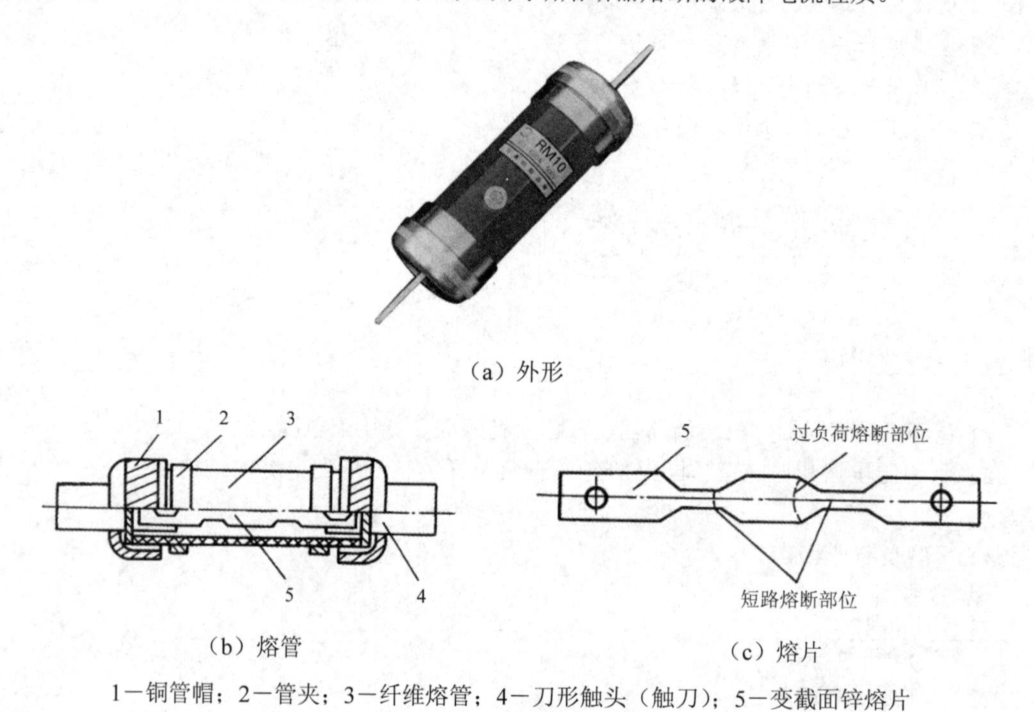

（a）外形

（b）熔管

（c）熔片

1—铜管帽；2—管夹；3—纤维熔管；4—刀形触头（触刀）；5—变截面锌熔片

图 2-1 RM10 型低压熔断器

当其熔片熔断时，纤维管的内壁将有极少部分纤维物质因电弧烧灼而分解，产生高压气体，压迫电弧，加强离子的复合，从而改善了灭弧性能。但总的来说，这种熔断器的灭弧断流能力仍不强，不能在短路电流到达冲击值 i_{sh} 之前完全熄弧，因此这种熔断器属非限流熔断器。

这种熔断器由于其结构简单、价廉及更换熔片方便，因此现在仍较普遍地应用在低压配电装置中。

（2）RT0 型低压有填料封闭管式熔断器。

RT0 型熔断器主要由瓷熔管、栅状铜熔体和触头底座等几部分组成，如图 2-2 所示。其栅状铜熔体系由薄铜片冲压弯制而成，具有引燃栅。由于引燃栅的等电位作用，可使熔体在短路电流通过时形成多根并列电弧。同时熔体又具有变截面小孔，可使熔体在短路电流通过时又将长弧分割为多段短弧。而且所有电弧都在石英砂内燃烧，可使电弧中的正负离子强烈复合。因此这种熔断器的灭弧断流能力很强，属限流熔断器。由于该熔体中段弯曲处具有“锡桥”，利用其“冶金效应”来实现对较小短路电流和过负荷的保护。熔体熔断后，有红色的熔断指示器从一端弹出，便于运行人员检视。

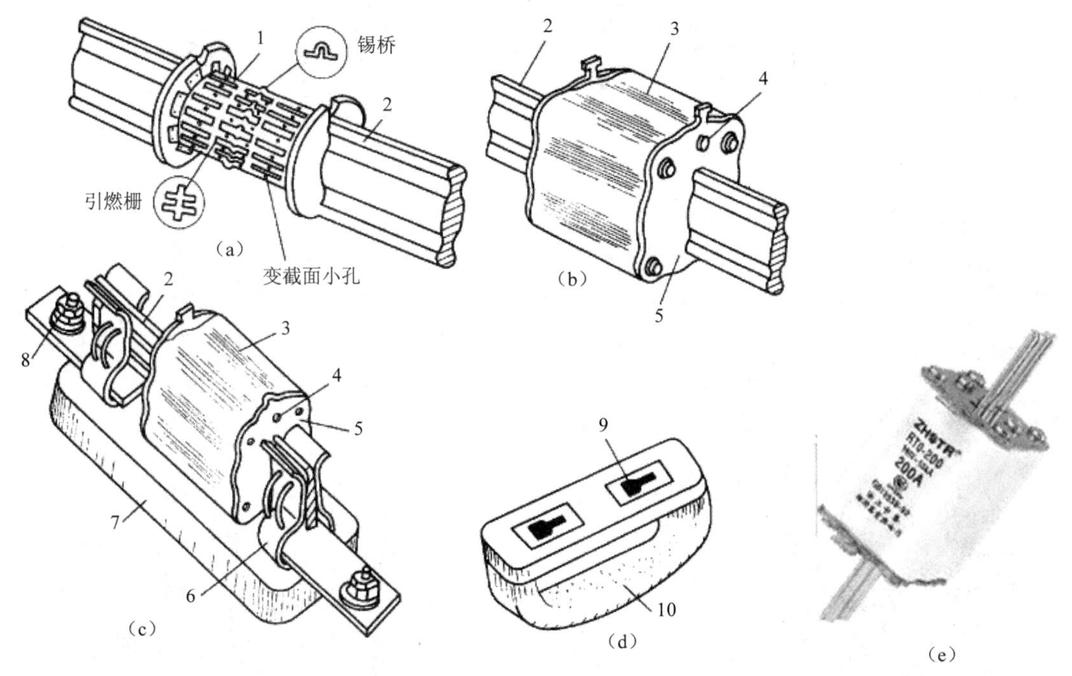

（a）熔体；（b）熔管；（c）熔断器；（d）绝缘操作手柄；（e）外形

1—栅状铜熔体；2—刀形触头（触刀）；3—瓷熔管；4—熔断指示器；5—盖板；

6—弹性触座；7—瓷质底座；8—接线端子；9—扣眼；10—绝缘拉手手柄

图 2-2　RT0 型低压熔断器

RT0 型熔断器由于其保护性能好和断流能力大，因此广泛应用在低压配电装置中。但是其熔体为不可拆式，熔断后整个熔管更换，不够经济。

（3）RZ1 型低压自复式熔断器。

一般熔断器包括上述 RM 型和 RT 型熔断器，都有一个共同缺点，就是在熔体一旦熔断后，必须更换熔体才能恢复供电，因而使停电时间延长，给配电系统和用电负荷造成一定的停电损失。这里介绍的自复式熔断器弥补了这一缺点，既能切断短路电流，又能在故障消除后自动恢复供电，无需更换熔体。

我国设计生产的 RZ1 型自复式熔断器如图 2-3 所示。它采用金属钠（Na）作熔体。在常温下，钠的电阻率很小，可以顺畅地通过正常负荷电流，但在短路时，钠受热迅速气化，其电阻率变得很大，从而可限制短路电流。在金属钠气化限流的过程中，装在熔断器一端的活塞将压缩氩气而迅速后退，降低由于钠气化产生的压力，以防熔管爆裂。在限流动作结束后，钠蒸气冷却，又恢复为固态钠；而活塞在被压缩的氩气作用下，迅速将金属钠推回原位，使之恢复正常工作状态。这就是自复式熔断器能自动切断（限制）短路电流后又能自动恢复正常工作状态的基本原理。

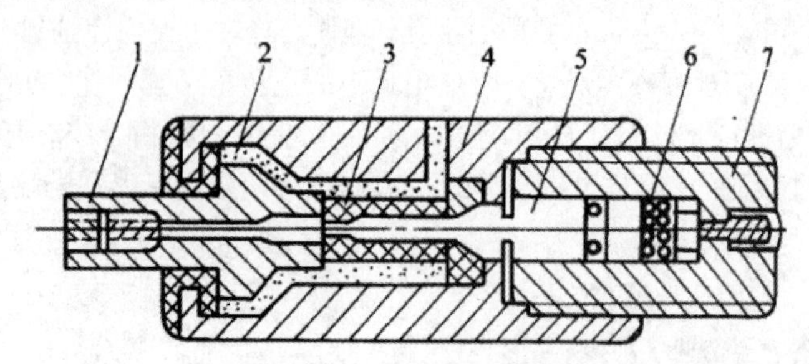

1—接线端子；2—云母玻璃；3 一氧化铍瓷管；4 一不锈钢外壳；
5—钠熔体 6 一氩气；7—接线端子

图 2-3　RZ1 型低压自复式熔断器

2. 低压刀开关和负荷开关

（1）低压刀开关。

低压刀开关（low-voltage knife-switch，文字符号为 QK）的类型很多。按其操作方式分，有单投和双投两种。按其极数分，有单极、双极和三极三种。按其灭弧结构分，有不带灭弧罩和带灭弧罩两种。不带灭弧罩的刀开关一般只能在无负荷或小负荷下操作，作隔离开关使用。带有灭弧罩的刀开关（如图 2-4 所示），能通断一定的负荷电流。

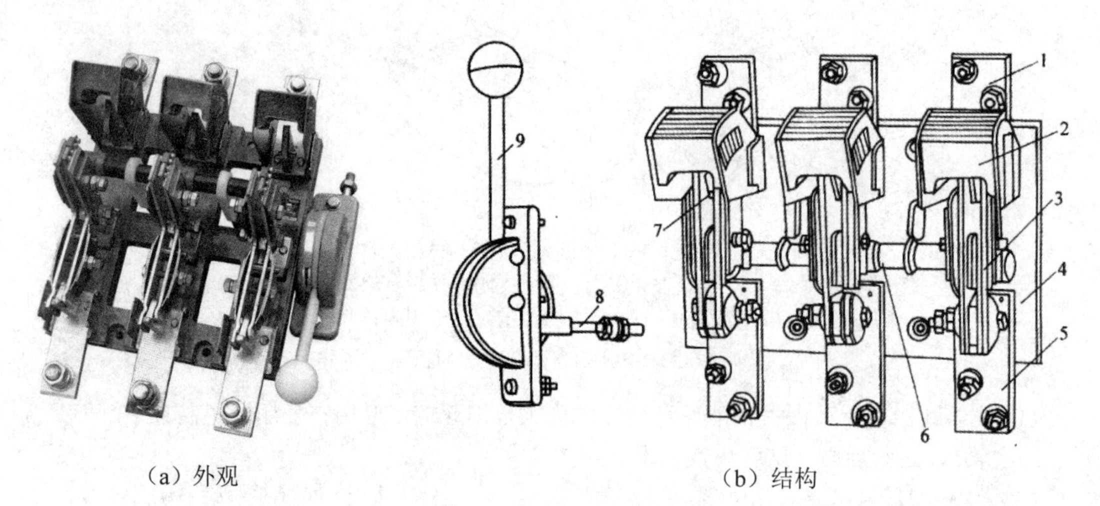

（a）外观　　（b）结构

1—上接线端子；2—钢片灭弧罩；3—闸刀；4—底座；5—下接线端子；
6—主轴；7—静触头；8—传动连杆；9—操作手柄

图 2-4　HD13 型低压刀开关

低压刀开关全型号的表示和含义如下：

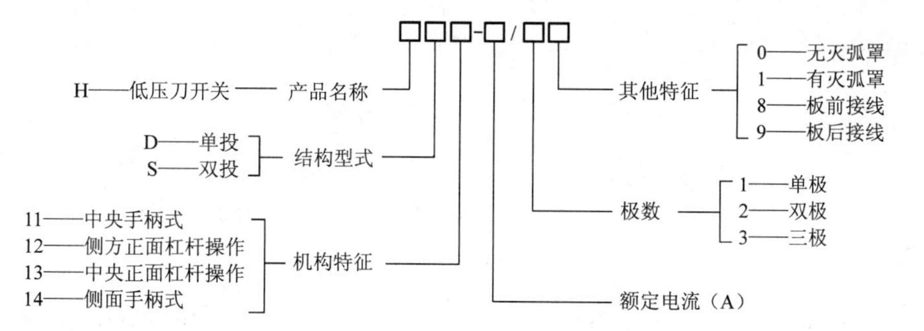

（2）低压熔断器式刀开关。

低压熔断器式刀开关又称刀熔开关（fuse-switch，文字符号为 QKF），是一种由低压刀开关与低压熔断器组合的开关电器。最常见的 HR3 型刀熔开关，就是将 HD 型刀开关的闸刀换以 RT0 型熔断器的具有刀形触头的熔管，如图 2-5 所示。

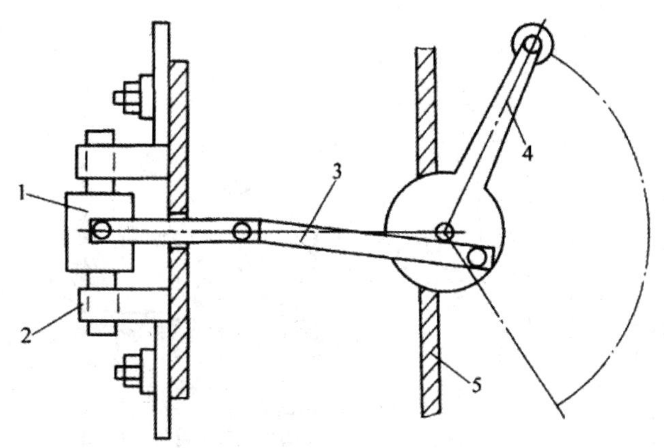

1－RT0 型熔断器的熔断体；2－弹性触座；3－传动连杆；
4－操作手柄；5－配电屏面板

图 2-5　刀熔开关结构示意图

刀熔开关具有刀开关和熔断器的双重功能。采用这种组合型开关电器，可以简化配电装置结构，经济实用，因此越来越广泛地在低压配电屏上安装使用。

低压刀熔开关全型号的表示和含义如下：

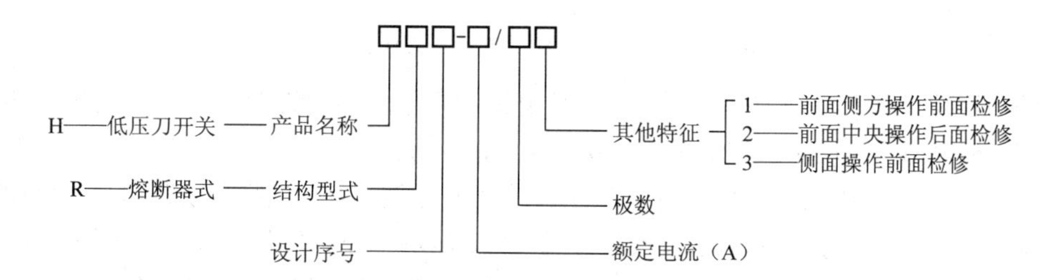

（3）低压负荷开关。

低压负荷开关（low-voltage load switch，文字符号为 QL），是由低压刀开关和低压熔断器串联组合而成、外装封闭式铁壳或开启式胶盖的开关电器。低压负荷开关具有带灭弧罩刀开关和熔断器的双重功能，既可带负荷操作，又能进行短路保护，但短路熔断后需更换熔体才能恢复供电。

低压负荷开关全型号的表示和含义如下：

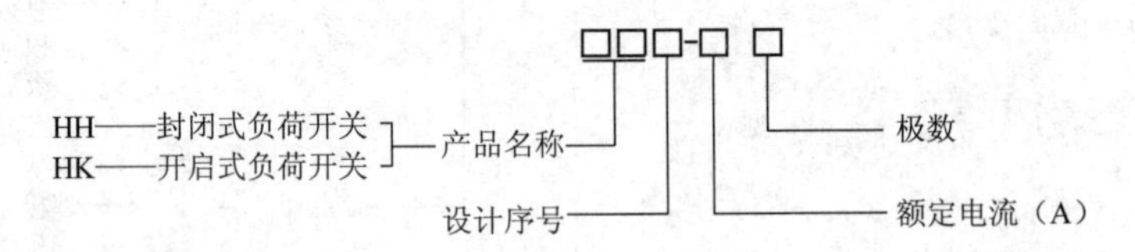

3. 低压断路器

低压断路器（low-voltage circuit-breaker，文字符号为QF），又称低压自动开关（auto-switch），它既能带负荷通断电路，又能在短路、过负荷和低电压（失压）下自动跳闸，其功能与高压断路器类似，其原理结构和接线如图2-6所示。当线路上出现短路故障时，其过流脱扣器动作，使开关跳闸。如果出现过负荷时，其串联在一次线路的加热电阻丝加热，使双金属片弯曲，也使开关跳闸。当线路电压严重下降或失压时，其失压脱扣器动作，同样使开关跳闸。如果按下脱扣按钮（图中6或7），可使开关远距离跳闸。

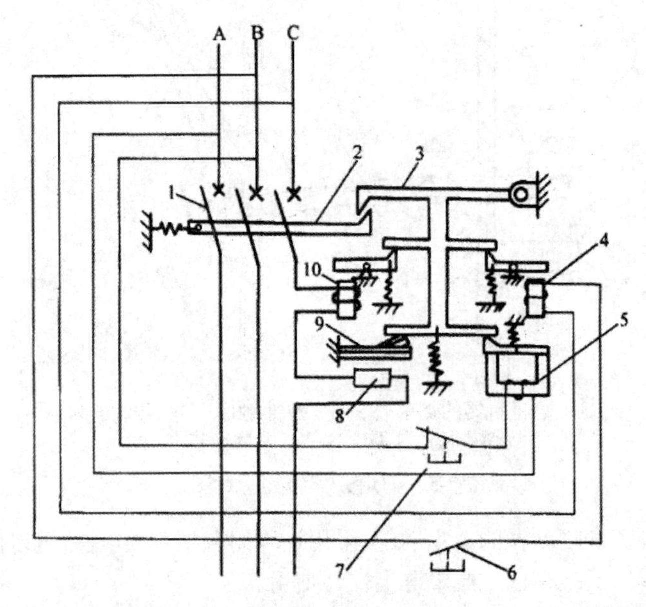

1—主触头；2—跳钩；3—锁扣；4—分励脱扣器；5—失压脱扣器；
6、7—脱扣按钮；8—热电阻丝；9—热脱扣器；10—过流脱扣器

图2-6 低压断路器的原理结构和接线

低压断路器按灭弧介质分类，有空气断路器和真空断路器等；按用途分类，有配电用断路器、电动机保护用断路器、照明用断路器和漏电保护用断路器等。

配电用低压断路器按保护性能分，有非选择型和选择型两类。非选择型断路器，一般为瞬时动作，只作短路保护用；也有的为长延时动作，只作过负荷保护。选择型断路器，有两段保护、三段保护和智能化保护。两段保护为瞬时—长延时特性或短延时—长延时特性。三段保护为瞬时—短延时—长延时特性。瞬时和短延时特性适于短路保护，长延时特性适于过负荷保护。图2-7表示低压断路器的上述三种保护特性曲线。而智能化保护，其脱扣器为微处理器或单片机控制，保护功能更多，选择性更好，这种断路器称为智能型断路器。

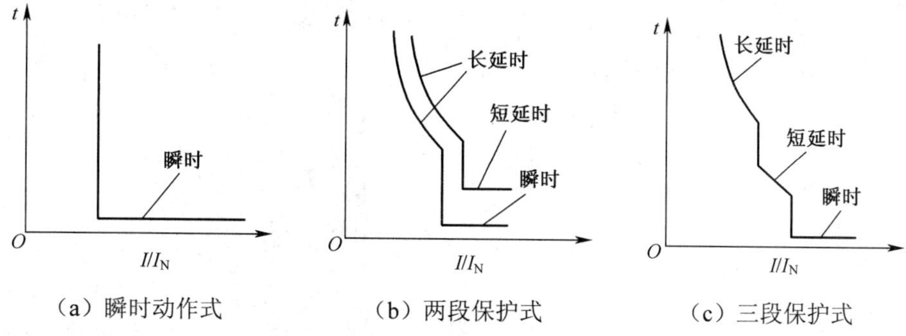

图 2-7　低压断路器的保护特性曲线

配电用低压断路器按结构型式分，有塑料外壳式和万能式两大类。

低压断路器全型号的表示和含义如下：

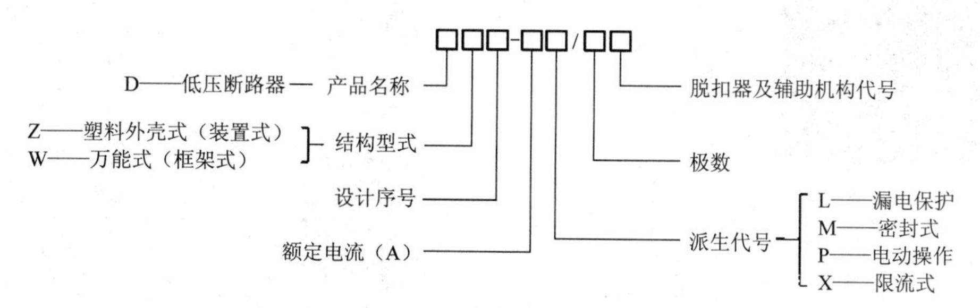

（1）塑料外壳式低压断路器。

塑料外壳式低压断路器又称装置式自动开关，其全部机构和导电部分都装设在一个塑料外壳内，仅在壳盖中央露出操作手柄，供手动操作之用。它通常装设在低压配电装置之中。

图 2-8 是一种 DZ 型塑料外壳式低压断路器的剖面图，图 2-9 是该断路器操作机构的传动原理示意图。

低压断路器的操作机构一般采用四连杆机构，可自由脱扣。按操作方式分，有手动和电动两种。手动操作是利用操作手柄或杠杆操作，电动操作是利用专门的电磁线圈或控制电机操作。

低压断路器的操作手柄有三个位置：

①合闸位置（图 2-9a）：手柄扳向上边，跳钩被锁扣扣住，触头维持在闭合状态。

②自由脱扣位置（图 2-9b）：跳钩被释放（脱扣），手柄移至中间位置，触头断开。

③分闸和再扣位置（图 2-9c）：手柄扳向下边，跳钩又被锁扣扣住，从而完成“再扣”操作，为下次合闸做好准备。如果断路器自动跳闸后，不将手柄扳向再扣位置（即分闸位置），想直接合闸是合不上的。这不只是塑料外壳式断路器如此，万能式断路器也是这样。

DZ 型断路器可根据工作要求装设以下脱扣器：①复式脱扣器，可同时实现过负荷保护和短路保护；②电磁脱扣器，只作短路保护；③热脱扣器，为双金属片，只作过负荷保护。

目前推广应用的塑料外壳式断路器有 DZX10、DZ15、DZ20 等型及引进技术生产的 H、C45N、3VE 等型，此外还生产有智能型塑料外壳式断路器如 DZ40 等型。

（2）万能式低压断路器。

万能式低压断路器又称框架式自动开关。它是敞开地装设在金属框架上的，由于其保护方案和操作方式较多，装设地点也较灵活，故名“万能式”或“框架式”。

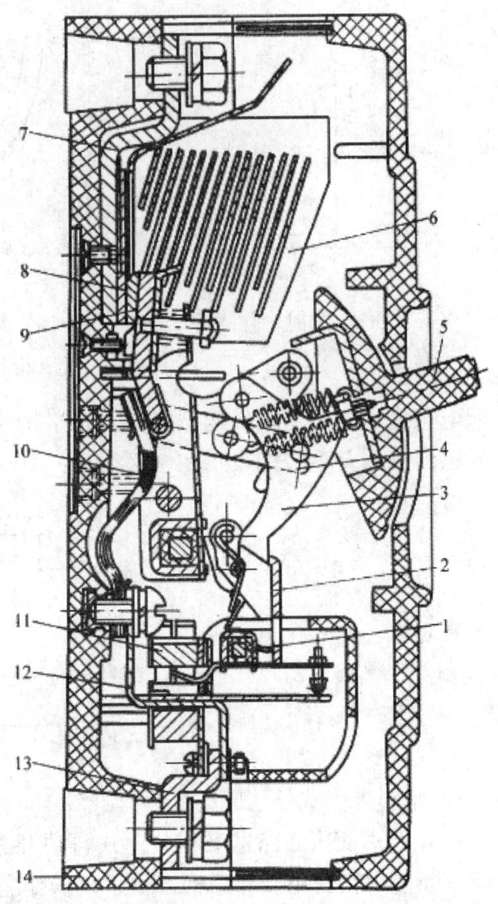

1—牵引杆；2—锁扣；3—跳钩；4—逢杆；5—操作手柄；6—灭弧室；7—引入线和接线端子；8—静触头；
9—动触头；10—挠连接条；11—电磁脱扣器；12—热脱扣器；13—引出线和接线端子；14—塑料底座

图 2-8　DZ 型塑料外壳式低压断路器

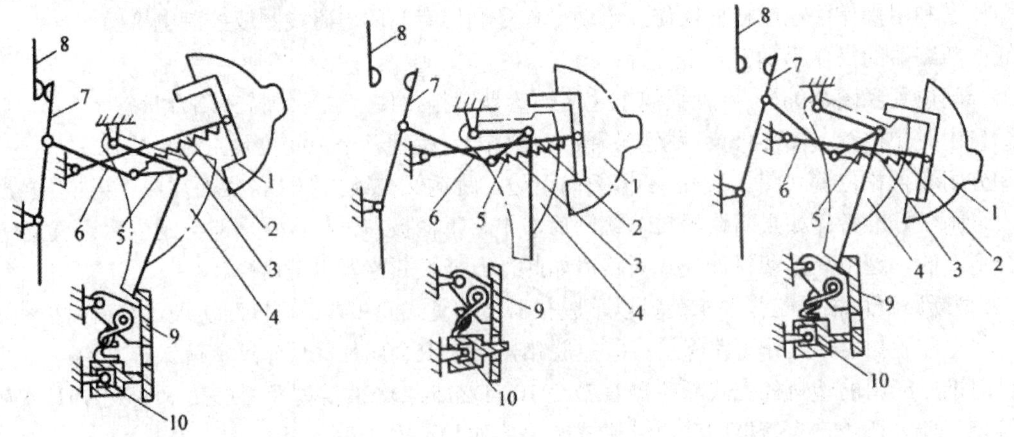

（a）合闸位置　　（b）自由脱扣位置　　（c）分闸再扣位置

1—操作手柄；2—操作杆；3—弹簧；4—跳钩；5—上连杆；6—下连杆；7—动触头；
8—静触头；9—锁扣；10—牵引杆

图 2-9　DZ 型断路器操作机构传动原理说明

图 2-10 是一种 DW 型万能式低压断路器的外形结构图。

（a）外形

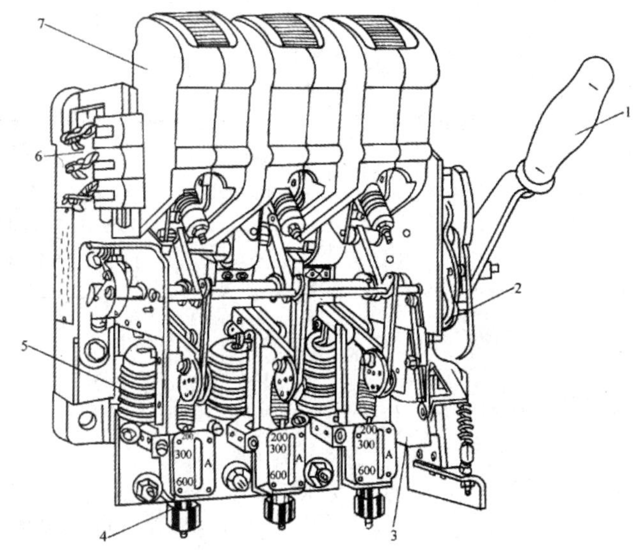

（b）结构

1—操作手柄；2—自由脱扣机构；3—失压脱扣器；4—过流脱扣器电流调节螺母；
5—过流脱扣器；6—辅助触点（联锁触点）；7—灭弧罩

图 2-10　DW 型万能式低压断路器

DW 型断路器的合闸操作方式较多，除手柄操作外，还有杠杆操作、电磁操作和电动机操作等。

图 2-11 是 DW 型断路器的交直流电磁合闸控制回路。当断路器利用电磁合闸线圈 YO 进行远距离合闸时，按下合闸按钮 SB，使合闸接触器 KO 通电动作，于是电磁合闸线圈（合闸电磁铁）YO 通电，使断路器 QF 合闸。但是合闸线圈 YO 是按短时大功率设计的，允许通电时间不得超过1s，因此在断路器 QF 合闸后，应立即使 YO 断电。这一要求靠时间继电器 KT 来实现。在按下按钮 SB 时，不仅使接触器 KO 通电，而且同时使时间继电器 KT 通电。KO 线圈通电后，其触点 KO1-2 闭合，保持 KO 线圈通电（即自锁）；而 KT 线圈通电后，其触点 KO1-2 在 KO 线圈通电时间达1s（QF 已合闸）时自动断开，使 KO 线圈断电，从而保证合闸线圈 YO 通电时间不致超过1s。

时间继电器的另一对常开触点 KT3-4 是用来“防跳”的。当按钮 SB 按下不返回或被粘住、而断路器 QF 又闭合在永久性短路故障上时，QF 的过流脱扣器（图 2-11 上未示出）瞬时动作，使 QF 跳闸。这时断路器的联锁触头 QF1-2 返回闭合。如果没有接入时间继电器 KT 及其常闭触点 KT1-2 和常开触点 KT3-4，则合闸接触器 KO 将再次通电动作，使合闸线圈 YO 再次通电，使断路器 QF 再次合闸。但由于线路上还存在短路故障，因此断路器 QF 又要跳闸，而其联锁触头 QF1-2 返回时又将使断路器 QF 又一次合闸……。断路器 QF 如此反复地在短路故障状态下跳闸、合闸，称为“跳动”现象，将使断路器触头烧毁，并将危及整个一次电路，使故障扩大。为此加装时间继电器常开触点 KT3-4，如图 2-11 所示。当断路器 QF 因短路故障自动跳闸时，其联锁触头 QF1-2 返回闭合，但由于在 SB 按下不返回时，时间继电器 KT 一直处于动作状态，其常开触点 KT3-4 一直闭合，而其常闭触点 KT1-2 则一直断开，因此合闸接触器 KO 不会通电，断路器 QF 也就不可能再次合闸，从而达到了“防跳”的目的。

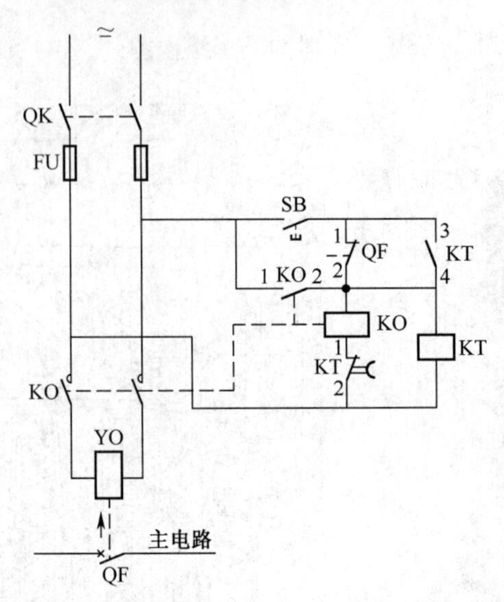

QF—低压断路器；SB—合闸按钮；KT—时间继电器；
KO—合闸接触器；YO—电磁合闸线圈

图 2-11　DW 型低压断路器的交直流电磁合闸控制回路

低压断路器的联锁触头 QF1-2 用来保证电磁合闸线圈 YO 在 QF 合闸后不致再次误通电。

目前推广应用的万能式低压断路器有 DW15、DW15X、DW16 等型及引进技术生产的 ME、AH 等型。此外还生产有智能型万能式断路器，如 DW48 等型，其中 DW16 型保留了 DW10 型结构简单、使用维修方便且价廉的特点，而在保护性能方面大有改善，是取代 DW10 的新产品。

4. 低压配电屏

低压配电屏（low-voltage panel）是按一定的线路方案将有关一、二次设备组装而成的一种低压成套配电装置，在低压配电系统中作动力和照明配电之用。

低压配电屏的结构型式，有固定式（fixed-type）和抽屉式（drawer-type）两大类型。不过抽屉式价昂，一般中小工厂多用固定式。我国现在广泛应用的固定式低压配电屏，主要为 PGL1 和 PGL2 型。它们是开启式结构，我国上世纪 80 年代设计生产的更新换代产品，以取代以往的 BSL、BDL 等型老的配电屏。PGL1 、PGL2 型配电屏中的低压断路器分别采用 DW10、DZ10 型和 DW15、DZX10 型。另有一种固定式低压配电屏 GGL 型，也是我国 20 世纪 80 年代设计生产的一种较先进的产品，其低压断路器采用断流能力更大的 ME 型。随后 20 世纪 90 年代，我国又设计生产一种 GGD 型，为封闭式结构，性能比较先进，其低压断路器主要采用 DW15 型，也是目前推广应用得一种较新产品。

低压配电屏的型号有老系列和新系列两种不同表示方法。

老系列低压配电屏全型号的表示和含义如下：

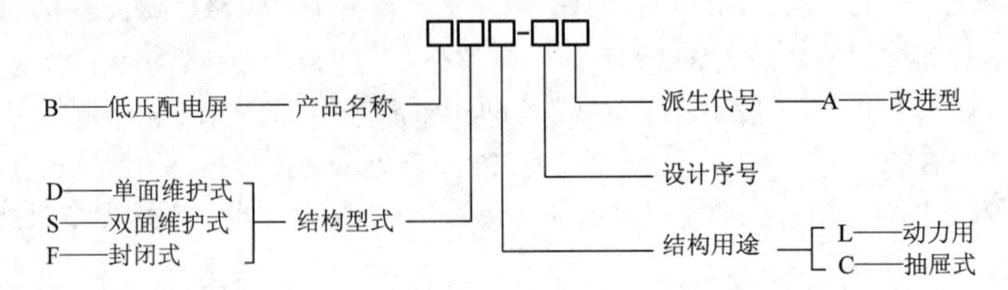

新系列低压配电屏全型号的表示和含义如下：

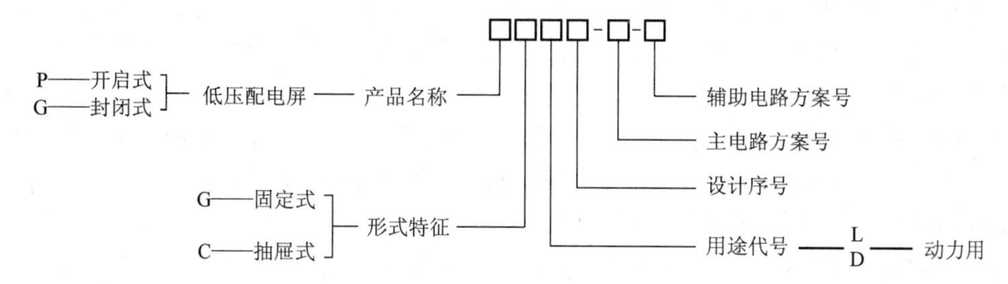

2.1.2.2　负荷计算

1. 负荷曲线

电力负荷是随着工厂企业的生产情况变动的，为了描述电力负荷随时间变化的规律，通常用负荷曲线表示。负荷曲线是反映电力负荷随时间变化情况的图形，该曲线画在直角坐标系中，横坐标表示负荷变动所对应的时间（一般以小时为单位），纵坐标表示负荷值（有功功率或无功功率）。

负荷曲线根据横纵坐标表示的物理量不同，可分为有功负荷曲线和无功负荷曲线；负荷曲线按负荷对象的不同，可分为工厂负荷曲线、车间负荷曲线和某台设备负荷曲线；负荷曲线按所表示的负荷变动的时间，可分为日负荷曲线和年负荷曲线或某一工作班的负荷曲线等（当然如果工作需要也可绘制月负荷曲线）。

2. 日负荷曲线

如图 2-12 所示，表示电力负荷在一天 24h 内变化的情况，可分为有功（P）日负荷曲线和无功（Q）日负荷曲线。

日负荷曲线可用测量的方法来绘制。绘制的方法是，先将横坐标按一定时间间隔（一般为半小时）分格。再根据功率表读数，将每一时间间隔内功率的平均值，对应于横坐标相应的时间间隔绘在图上，逐点描绘即得日负荷曲线。其时间间隔取得愈短，则曲线愈能反映负荷的实际变化情况。通常，为了使用方便，多绘制成阶梯形日负荷曲线，如图 2-13 所示某工厂的阶梯形的有功日负荷曲线，负荷曲线与坐标所包围的面积代表全日所消费的电能量。

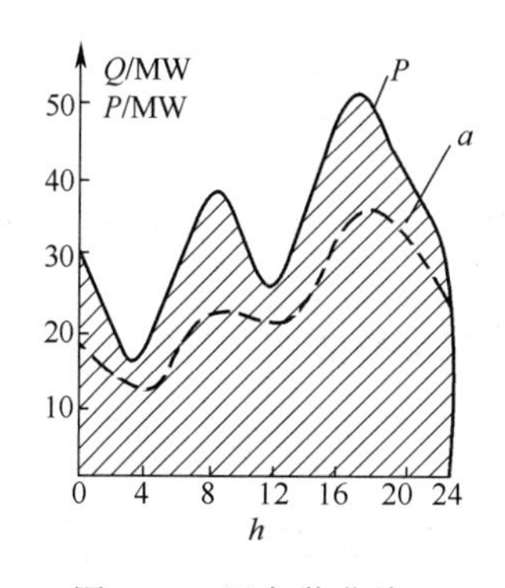

图 2-12　日负荷曲线

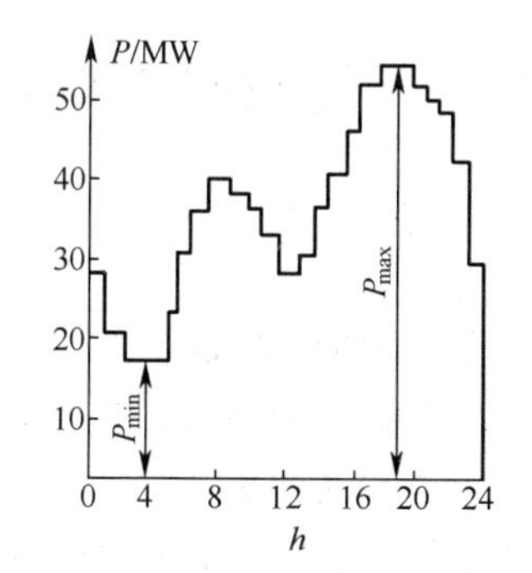

图 2-13　有功日负荷曲线的绘制

3. 年负荷曲线

年负荷曲线分两种，一种是年最大负荷曲线，根据全年日负荷曲线间接制成，就是在一年 12 个月取每个月（30 天）中日负荷最大值，如图 2-14 所示。从图中可见，该工厂夏季最大负荷比较小，而年终负荷比年初大。

另一种的年持续负荷曲线，需借助一年中具代表性的夏季或冬季日负荷曲线来绘制，可直观地反映出用户用电特点和规律。年持续负荷曲线不分日月界限，以有功功率的大小为纵坐标，以相应的有功功率所持续实际使用时间（小时）为横坐标，如图 2-15 所示。从图可知，某工厂持续负荷线，表示一年内各种不同大小负荷所持续的时间，年持续负荷曲线与直角坐标所包围的面积，就代表该工厂在一年时间内所消耗的有功电能。如果将这面积用一与其相等的矩形（P_{max}-C-T_{max}-O-P_{max}）面积表示，则矩形的高度代表最大负荷 P_{max}，矩形的底 T_{max} 就是最大负荷年利用小时。它的意义是：当工厂以年最大负荷 P_{max} 持续运行，在 T_{max} 内所消耗的电能，恰好等于全年按实际负荷曲线运行所消耗的电能。所以 T_{max} 的大小，说明了用户消耗电能的程度，也反映了用户用电的性质。

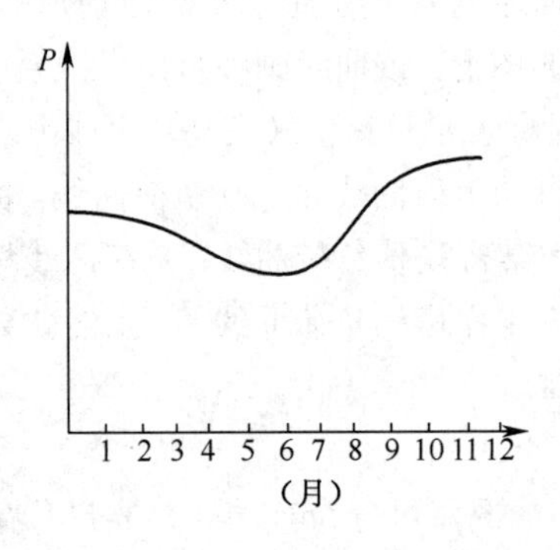

图 2-14　某工厂年最大负荷曲线

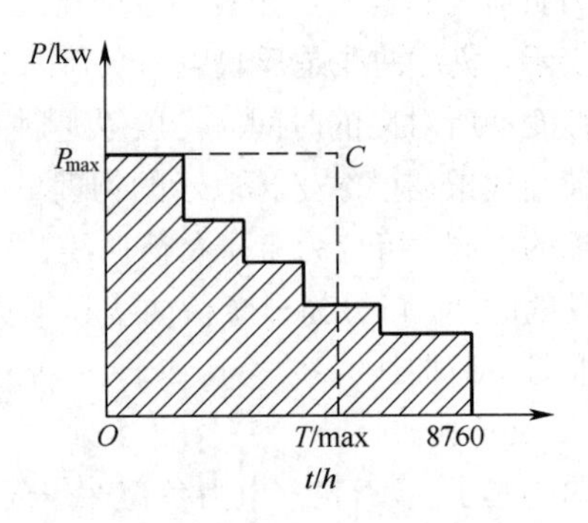

图 2-15　年持续负荷曲线

4. 负荷曲线的有关物理量

为了分析负荷计算和负荷曲线，可以得到以下相关的几个物理量：

（1）年最大负荷 P_{max}。

年最大负荷是指全年中负荷最大的工作班内（这一工作班的最大负荷在全年中至少出现 2～3 次）消耗电能最大的半个小时平均功率，故它又称为半小时最大负荷 P_{30}。

（2）计算负荷 P_c。

计算负荷是指电力负荷的统计计算求出的、用来按发热条件选择供配电系统中各类电气设备的负荷值。

考虑到导体通过电流的发热稳定温升时间大约为半小时，因此，计算负荷实际上就是半小时最大负荷，即 $P_c = P_{max}$。

计算负荷除了用有功功率 P_c 表示外，还经常用无功功率 Q_c、视在功率 S_c 和电流 I_c 表示。一般来说，确定计算负荷就要分别计算出 P_c、Q_c、S_c 和 I_c。

（3）年最大负荷利用小时 T_{max}。

年最大负荷利用小时是一个假想时间，即在此时间内，电力负荷按年最大负荷 P_{max} 持续运行所消耗的电能 W_a，如图 2-16 所示，与该负荷全年实际消耗的电能相等效，故

$$T_{max} = \frac{W_a}{P_{max}} \tag{2-1}$$

年最大负荷利用小时是反映电力负荷特征的一个重要参数，它与负荷的生产班次有关，例如一

班制的工厂，$T_{max}\approx 1800\sim 3000$h；二班制的工厂，$T_{max}\approx 3500\sim 4800$h；三班制的工厂，$T_{max}\approx 5000\sim 7000$h；$T_{max}$的大小影响导线和电缆经济截面的选择。

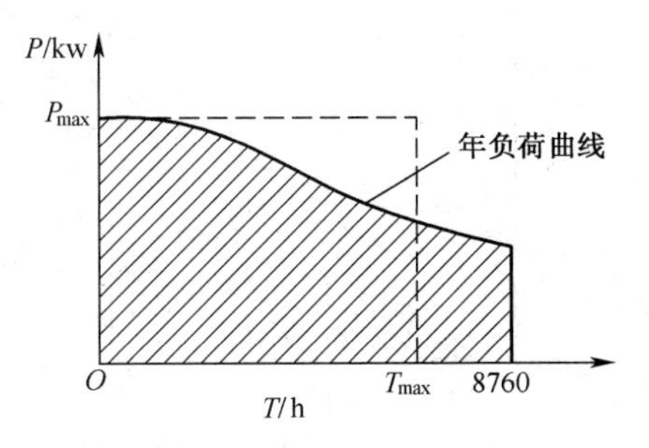

图 2-16 年最大负荷和年最大负荷利用小时

根据电力用户长期运行和实际积累经验表明，对于各类型工厂，其最大负荷年利用小时，大致在某一数字上，如表 2-1 所示。

表 2-1 各种工厂最大负荷年利用小时

工厂类别	T_{max}	工厂类别	T_{max}
化工厂	6200	农业机械制造厂	5330
石油提炼厂	7100	仪器制造厂	3080
重型机械制造厂	3770	汽车修理厂	4370
机床厂	4345	车辆修理厂	3580
工具厂	4140	电器工厂	4280
轴承厂	5300	氮肥厂	7000～8000
汽车拖拉机厂	4960	金属加工厂	4355
起重运输设备厂	3300		

（4）平均负荷P_{av}。

平均负荷是指电力负荷在时间t内平均消耗的功率，也就是电力负荷在该时间内消耗的电能W_t除以时间t的值，即

$$P_{av}=\frac{W_t}{t} \tag{2-2}$$

对于全年平均负荷，如图 2-17 所示，就是电力负荷全年平均消耗的功率，时间t取 8760（h），则

$$P_{av}=\frac{W_a}{8760} \tag{2-3}$$

（5）负荷系数β。

负荷系数也称负荷率，又叫负荷曲线填充系数，它是表征负荷变化规律的一个参数。在最大工作班内，平均负荷与最大负荷之比，称为负荷系数。用β表示有功负荷系数，其关系式为

$$\beta=\frac{P_{av}}{P_{max}} \tag{2-4}$$

对于用电设备来说，其负荷率是用电设备的输出功率与额定功率的比值，即

$$\beta = \frac{P}{P_N} \tag{2-5}$$

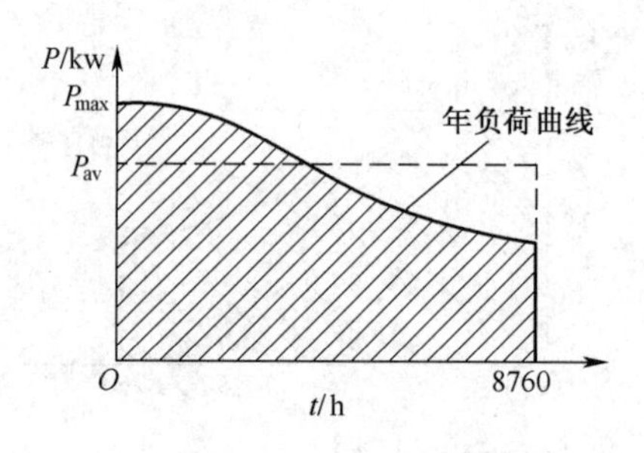

图 2-17　年平均负荷

为了充分发挥供电设备的能力，提高供电效率，要求负荷率 β 越接近 1 越好。

2.1.2.3　用电设备的设备容量

1. 设备容量的定义

用电设备的铭牌上都有一个“额定功率”，但是由于各用电设备的额定工作条件不同，例如，有的是短时工作制。因此这些铭牌上规定的额定功率不能直接相加作为全厂的电力负荷，而必须首先换算成同一工作制下的额定功率，然后才能相加。经过换算至统一规定工作制下的“额定功率”称为设备容量，用 P_e 表示。

2. 设备容量的确定

在进行负荷计算时，必须将用电设备按其不同工作制性质分为不同的用电设备组，由此确定用电设备组容量后才能进行计算。

用电设备的额定容量 P_N，又称铭牌功率或标称功率，是指在规定的工作条件下（如额定频率、额定电压、额定电流和规定环境温度等）运行时设备的功率，如发电机、电动机的额定功率 P_N（kW）、变压器的额定容量 S_N（kVA）值。

用电设备组的设备容量 P_N，是按不同工作制分组后该组用电设备的负荷计算用容量之和。

（1）长期连续工作制和短时运行工作制设备组。

对于长期、短时工作制设备组，其设备组容量是指所有设备额定功率之和，即

$$P_e = \sum P_N \tag{2-6}$$

（2）断续周期工作制的设备。

其设备容量 P_N 是对应于某一标准暂载率 ε_N 的，即同一设备在不同的 ε_N 值有不同的 P_N 值。例如，吊车电动机的暂载率值 ε_N 有 15%、25%、40%和 60%，电焊变压器的 ε_N 有 50%、60%、75%和 100%。

①吊车电动机。

吊车（起重机）电动机的设备容量 P_e，是将其额定容量 P_N 换算到 ε=25%时的有功功率，即：

$$P_e = P_N\sqrt{\frac{\varepsilon_N}{\varepsilon_{25}}} = 2P_N\sqrt{\varepsilon_N} \tag{2-7}$$

②电焊机及电焊变压器。

电焊机（交流弧焊机）和电焊装置的的设备容量 P_e，是将其额定容量 P_N 统一换算到暂载率

ε=100%时的有功功率，即：

$$P_e = P_N\sqrt{\frac{\varepsilon_N}{\varepsilon_{100}}} = S_N\cos\varphi_N\sqrt{\frac{\varepsilon_N}{\varepsilon_{100}}} \tag{2-8}$$

$$P_e = P_N\sqrt{\varepsilon_N} = S_N\cos\varphi_N\sqrt{\varepsilon_N} \tag{2-9}$$

式中，ε_N为与P_N（或S_N）相对应的暂载率。

③电炉变压器。

电炉变压器的设备容量P_e，是指额定功率因数时的额定有功功率，即：

$$P_e = S_N\cos\varphi_N \tag{2-10}$$

式中，ε_N为与S_N相对应的暂载率。

（3）照明设备。

照明用电设备的设备容量为：

①白炽灯、碘钨灯的设备容量，是指灯泡上标出的额定功率；

②日光灯还要考虑镇流器的功率损耗（约为灯管功率的20%），其设备容量为灯管额定功率的1.2倍；

③高压水银荧光灯、金属卤化物灯，也要考虑到镇流器功率损耗（约为灯泡功率的10%），其设备容量应为灯泡额定功率的1.1倍。

（4）备用设备的容量不列入设备总容量。

在确定计算负荷时，成组用电设备的设备容量，是指不应包括备用设备在内的所有单个用电设备的额定功率。

无论是工厂或高层建筑，都有相当一部分的备用设备，如工厂的备用通风机、水泵、鼓风机、空压机，高层建筑中的备用生活水泵、空调制冷设备等，这些备用设备的容量在计算时不能列在设备总容量之中。

消防水泵、专用消防电梯以及在消防状态下才使用的送风机、排烟机等，及在非正常状态下使用的用电设备都不列入总设备容量之内；当夏季有制冷的空调系统，而冬季则利用锅炉采暖时，由于后者用电设备容量小于前者，因此锅炉的用电设备容量也不计入总用电设备容量。

2.1.2.4　负荷计算的方法

计算负荷是指通过电力负荷的统计计算求出的、用来按发热条件选择供配电系统中各电气设备的负荷值。

计算负荷的物理意义是：按这个计算负荷持续运行所产生的热效应，与按实际变动负荷长期运行所产生的热效应相等。换句话说，当导体持续流过计算负荷时所产生的导体恒定温升，恰好等于导体流过实际变动负荷时所产生的平均最高温升，从发热的结果来看，二者是等效的。所以根据计算负荷选择的电气设备和导线，在实际运行中其最高温升就不会超过许值。

通过计算负荷可以确定供配电的用电计算负荷，以便正确合理地选择电气设备和线路，并为进行无功补偿提高功率因数提供依据，由此再合理地选择变压器、开关电器及导线电缆。

1．计算负荷的估算法

将工厂的年产量A乘上单位产品耗电量a，可得到工厂全年耗电量

$$W_a = Aa \tag{2-11}$$

各类工厂的单位产品耗电量a可由有关设计单位根据实测资料确定，亦可查有关设计手册。

在求得工厂年耗电量W_a后，除以工厂的年最大负荷利用小时T_{max}，就可求出工厂的有功计算负荷。

$$P_{30}=\frac{W_a}{T_{max}} \quad (2\text{-}12)$$

其他的计算负荷Q_{30}、S_{30}和I_{30}的计算，与上述方法相同。

2. 需要系数法

（1）需要系数。

经过长期运行观察，同一类型工业企业的负荷曲线具有大致相似的形状，因此定义负荷曲线最大有功功率与额定有功功率的比值，称为需要系数，一般用K_d表示，即

$$K_d=P_{max}/P_N \quad (2\text{-}13)$$

式中，K_d——需要系数；

P_{max}——负荷曲线最大有功功率（kW）；

P_N——用电设备的额定有功功率（kW）。

需要系数K_d是用电设备组在最大负荷时需要的有功功率与其设备容量的比值。它不仅与用电设备组的工作性质、设备台数、线路损耗等有关，而且与生产组织、工作人员技能水平、季节等很多因素有关。

需要系数值是设备台数较多时的数据，因此数值一般比较低。如果设备台数较少时（如5台以下），则需要系数值应适当取大。如果只有一两台设备，则K_d可取为1，即有功计算负荷就等于设备容量。当设备台数较少时，功率因数值也应适当取大。

（2）用需要系数法确定计算负荷基本公式。

需要系数法是指用设备功率乘以需要系数和同时系数，直接求出计算负荷。这种方法比较简便，应用广泛，尤其适用于配、变电所的负荷计算。

用电设备组中的若干台设备不一定都同时运行，同时运行的设备并不同时在最大负荷下运行，而且，各设备及线路都有功率损耗，因此，用电设备组的计算负荷与其设备容量之间的关系为

$$P_c=K_dP_e \text{（kW）} \quad (2\text{-}14)$$

确定了三相用电设备组的有功计算负荷P_c后，可分别求得：

无功计算功率

$$Q_c=P_c\tan\varphi \text{（kvar）} \quad (2\text{-}15)$$

视在计算负荷

$$S_c=\sqrt{P_c^2+Q_c^2} \text{（kVA）或 } S_c=\frac{P_c}{\cos\varphi} \text{（kVA）} \quad (2\text{-}16)$$

计算电流

$$I_C=\frac{S_C}{\sqrt{3}U_N} \text{（A）或 } I_C=\frac{P_C}{\sqrt{3}U_N\cos\varphi} \text{（A）} \quad (2\text{-}17)$$

式中，U_N——三相用电设备的额定电压（kV）；

$\text{Cos}\varphi$和$\tan\varphi$——用电设备组的平均功率因数及相对应的正切值。

（3）用需要系数法确定多组用电设备的计算负荷。

当确定拥有多组用电设备的干线或车间变电所低压母线上的计算负荷时，应考虑各组用电设备的最大负荷并不同时出现，因此，要计入同时系数（或称混合系数），所谓同时系数，是指运行中所有用电设备的综合最大负荷与各个设备的最大负荷的比值，用符号K_Σ表示。

对于车间干线，可取$K_\Sigma=0.85\sim0.95$。

对于低压母线，由用电设备组计算负荷直接相加计算时，可取$K_\Sigma=0.80\sim0.90$，如由车间干

线计算负荷相加计算时取为 $K_{\Sigma}=0.90\sim0.95$。

对于工厂总变电配电所母线可取 $K_{\Sigma}=0.95\sim1$。

因此，多组用电设备的有功计算负荷为：

$$P_{c}=K_{\Sigma}\Sigma P_{CZ}\ (\text{kW}) \tag{2-18}$$

多组用电设备的无功计算负荷为：

$$Q_{c}=K_{\Sigma}\Sigma Q_{CZ}\ (\text{kvar}) \tag{2-19}$$

上两式中的 ΣP_{CZ} 和 ΣQ_{CZ} 分别表示各组设备的有功、无功计算负荷之和。

总的视在计算负荷仍按式（2-16）计算，即 $S_{c}=\sqrt{P_{c}^{2}+Q_{c}^{2}}$；总的计算电流按式（2-17）计算，即 $I_{c}=\dfrac{S_{c}}{\sqrt{3}U_{N}}$。

这里要注意的是，由于各用电设备组的功率因数值并不相同，因此不能用式 $S_{c}=\dfrac{P_{c}}{\cos\varphi}$ 及式 $I_{C}=\dfrac{P_{C}}{\sqrt{3}U_{N}\cos\varphi}$ 分别计算 S_{c} 及 I_{c}。

由多组用电设备组的计算负荷 P_{c} 和 S_{c} 值，可求得多组用电设备的平均功率因数为：

$$\cos\varphi=\frac{P_{c}}{S_{c}} \tag{2-20}$$

3. 二项式系数法

（1）用二项式法基本公式确定计算负荷：

$$P_{c}=bP_{e}+cP_{x} \tag{2-21}$$

式中，bP_{e}——用电设备组的平均功率，其中 P_{e} 为用电设备组的设备总容量；

cP_{x}——用电设备组中 x 台容量最大的设备投入运行时增加的附加负荷，其中 P_{x} 是 x 台最大容量的设备总容量；

b、c——二项式系数。

如果设备总台数 n 少于规定的最大容量设备台数 x 的 2 倍，即 $n<2x$ 时，其最大容量设备台数取 $x=n/2$，并按“四舍五入”取整台数。例如，某机床电动机组只有 5 台时，则 $x=5/2$ 取 3 台。

如果用电设备只有 1～2 台，就可认为 $P_{c}=P_{e}$；对于单台电动机，则 $P_{c}=P_{e}/\eta$，η 为电动机的额定效率。

在设备台数较少时，功率因数值应适当取大。

（2）用二项式法确定多组用电设备计算负荷。

采用二项式法确定有多组用电设备干线上或低压母线上的计算负荷，同样要考虑各组用电设备的最大负荷不同时出现的可能。因此在确定计算负荷时，必须在所有用电设备组中取其中一组最大的附加负荷 $C\cdot P_{x}$，再加上所有各组设备的平均负荷 $b\cdot P_{e}$，故总的有功计算负荷为：

$$P_{c}=\sum(bP_{e})+(cP_{x})_{\max} \tag{2-22}$$

总的无功计算负荷为：

$$Q_{c}=\Sigma(bP_{e}\tan\varphi)_{i}+(cP_{x}\tan\varphi)_{\max} \tag{2-23}$$

上两式中，$\Sigma(bP_{e})$ 和 $\Sigma(bP_{e}\tan\varphi)$ 分别为各组的有功和无功平均负荷之和；$(cP_{x})_{\max}$ 和 $(cP_{x}\tan\varphi)_{\max}$ 分别表示各组有功和无功附加负荷中最大的一个。

总的视在计算负荷为 $$S_c=\sqrt{P_c^2+Q_c^2}\ \text{（kVA）} \tag{2-24}$$

总的计算电流为 $$I_c=\frac{S_c}{\sqrt{3}U_N}\ \text{（A）} \tag{2-25}$$

4. 用户负荷计算

确定电力用户的计算负荷，有逐级计算法、需要系数法、按年产量或年产值估算法等。

（1）按逐级计算法确定电力用户工厂的总计算负荷。

采用逐级计算法确定电力用户的计算负荷，其方法是，首先确定用电设备组的计算负荷，然后从负荷侧向电源侧逐级计算干线和变电所低压母线的计算负荷。变电所低压侧总计算负荷加上变压器损耗，便得到变电所高压侧计算负荷。如果工厂有若干个车间变电所，则所有车间变电所高压侧的计算负荷，加上工厂区高压配电线路的损耗，就可以得到电力用户的总计算负荷。如图 2-18 所示，要计算线路 WL1 首端的有功计算负荷，其计算顺序为：

$$\Delta P_{c,7}+P_{WL3}\rightarrow P_{c,6}\xrightarrow{\Sigma_{P_{c1}}K_{\Sigma1}}P_{c,5}\xrightarrow{+\Delta P_{WL2}}P_{c,4}\xrightarrow{\Sigma_{P_{c2}}K_{\Sigma2}}P_{c,3}\xrightarrow{+\Delta P_T+\Delta P_{WL1}}P_{c,2}$$

其中，这里作为车间干线的同时系数 $K_{\Sigma1}$ 取为 0.85～0.95，低压母线的同时系数 $K_{\Sigma2}$ 取 0.90～0.95，总变配电所母线的同时系数可取 0.95～1。

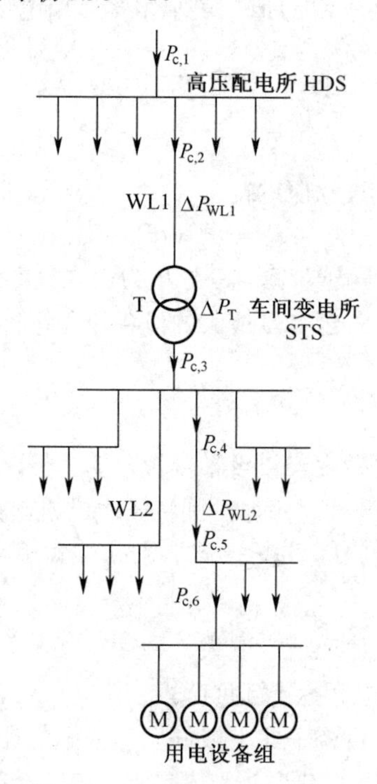

图 2-18　电力用户供配电系统中的计算负荷

需要注意的是，当供电系统中的某个环节装设有无功功率补偿设备时，则确定此装设地点前（靠电源方向）的计算负荷时，必须将无功功率补偿考虑在内。

（2）按需要系数法确定电力用户的计算负荷。

将电力用户的设备总容量 P_e（不含备用设备容量）乘以需要系数 K_d，便可得到电力用户的有功计算负荷：

$$P_c=K_dP_e\ \text{（kW）} \tag{2-26}$$

无功计算功率 $Q_c = P_c \tan\varphi$ （kvar） （2-27）

视在计算负荷 $S_c = \sqrt{P_c^2 + Q_c^2}$ （kVA）或 $S_c = \dfrac{P_c}{\cos\varphi}$ （kVA） （2-28）

计算电流 $I_c = \dfrac{S_c}{\sqrt{3}U_N}$ （A）或 $I_c = \dfrac{P_c}{\sqrt{3}U_N \cos\varphi}$ （A） （2-29）

式中，K_d——需要系数；

$\cos\varphi$ 和 $\tan\varphi$——用电设备的平均功率因数及相对应的正切值。

5. 尖峰电流的计算

（1）概述。

尖峰电流（peak current）是指持续时间 1～2s 的短时最大负荷电流。

尖峰电流主要用来选择熔断器和低压断路器、整定继电保护装置及检验电动机自起动条件等。

（2）用电设备尖峰电流的计算。

①单台用电设备尖峰电流的计算。

单台因数设备的尖峰电流就是其起动电流（starting current），因此尖峰电流为

$$I_{pk} = I_{st} = K_{st} I_N \tag{2-30}$$

式中，I_N 为用电设备的额定电流；I_{st} 为用电设备的起动电流；K_{st} 为用电设备的起动电流倍数，笼式电动机 $K_{st} = 5 \sim 7$，绕线转子电动机 $K_{st} = 2 \sim 3$，直流电动机 $K_{st} = 1.7$，电焊变压器 $K_{st} \geqslant 3$。

②多台用电设备尖峰电流的计算。

引至多台用电设备的线路上的尖峰电流按下式计算：

$$I_{pk} = K_\Sigma \sum_{i=1}^{n-1} I_{N.i} + I_{st.max} \tag{2-31}$$

或

$$I_{pk} = I_{30} + (I_{st} - I_N)_{max} \tag{2-32}$$

式中，$I_{st.max}$ 和 $(I_{st} - I_N)_{max}$ 分别为用电设备中起动电流与额定电流之差为最大的那台设备的起动电流及其起动电流与其额定电流之差；$\sum_{i=1}^{n-1} I_{N.i}$ 为将起动电流与额定电流之差为最大的那台设备除外的 $n-1$ 台设备的额定电流之和；K_Σ 为上述 $n-1$ 台设备的同时系数，按台数多少选取，一般取 0.7～1；I_{30} 为全部设备投入运行时的计算电流。

2.1.2.5 功率因数和无功功率补偿

1. 功率因数的计算

工厂的功率因数有以下三种：

（1）瞬时功率因数。

瞬时功率因数是由功率因数表直接进行测量所得出的值。由于负荷在不断变动之中，因此瞬时功率因数是不断变化的。

瞬时功率因数也可由功率表、电流表和电压表的读数计算出：

$$\cos\varphi = \frac{P}{\sqrt{3}UI} \tag{2-33}$$

式中，P——三相有功功率表读数（kW）；

U——电压表测出的线电压数（kV）；

I——电流表测出的线电流数（A）。

（2）平均功率因数。

对于已正式投产一年以上的用电单位，平均功率因数可根据过去一年的电能消耗量来计算，即：

$$\cos\varphi = \frac{P_{av}}{\sqrt{P_{av}^2 + Q_{av}^2}} = \frac{W_P}{\sqrt{W_P^2 + W_q^2}} = \frac{1}{\sqrt{1+\left(\frac{W_q}{W_P}\right)^2}} \tag{2-34}$$

式中，W_p——某一时间（如一月、一年）内消耗的有功电能，由有功电能表计量（kw·h）；

W_q——某一时间内消耗的无功电能，由无功电能表计量（kvar·h）。

（3）最大负荷时的功率因数。

最大负荷时的功率因数是指在年最大负荷（即计算负荷）时的功率因数，它按下式求得：

$$\cos\varphi = \frac{P_c}{S_c} = \frac{1}{\sqrt{1+\left(\frac{\beta Q_c}{\alpha P_c}\right)^2}} \tag{2-35}$$

式中，P_c、Q_c——有功计算负荷（kW）和无功计算负荷（kvar）；

α、β——有功和无功负荷系数，一般$\alpha \approx 0.7 \sim 0.8$，$\beta \approx 0.75 \sim 0.85$。

以上三种功率因数中，相互之间既有联系，又有很大的区别。瞬时功率因数是某一瞬间所反映的功率因数大小，用于检测和确定手动投切并联电容量的多少；平均功率因数是指运行的一段时间内的值；最大负荷时的功率因数则主要用于设计计算补偿容量。

2. 功率因数对供配电系统的影响及提高功率因数的方法

（1）功率因数低的影响。

功率因数低，会对供电系统和电器设备造成很大的影响，主要表现在：

①影响供电质量，使线路电压损耗增大；

②使发电、配电设备的容量得不到充分利用；

③增加了线路的截面；

④电能损耗大，不经济。

（2）提高功率因数的方法。

提高功率因数，首先要采取措施提高用电单位的自然功率因数，如经努力仍达不到规定要求的，则最有效而经济的措施是采用无功功率补偿装置，即在电路中并联电力电容器。

3. 并联电容器补偿

如图 2-19，在交流电路中，同一电压$\dot{U}$作用下纯电阻负荷的电流$\dot{I}_R$与$\dot{U}$同相位，纯电感负荷中的电流$\dot{I}_L$滞后于$\dot{U}$ 90°，而纯电容电流$\dot{I}_C$超前$\dot{U}$ 90°，由此可见，$\dot{I}_C$与$\dot{I}_L$是反相位的，在电路中起到相互抵消的作用。

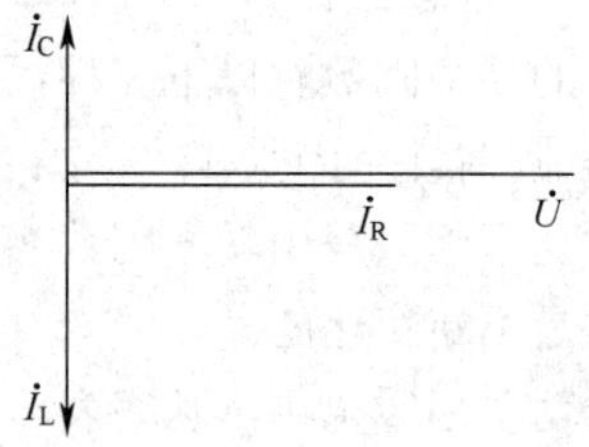

图 2-19　交流电路中电压与电流关系相量图

由图 2-19 可见，电感电流$\dot{I}_L$被电容电流$\dot{I}_C$抵消了一部分，则电路的合成电流由原来的$\dot{I}$变成$\dot{I}'$，$\dot{I}' < \dot{I}$，即电路的总电流减少了；功率因数角由原来的φ减小为φ'，$\varphi' < \varphi$，因此$\cos\varphi' > \cos\varphi$，整个电路的功率因数提高了。

由图 2-20 可见，补偿有三种情况：

如果 $I_c<I_L$，则 φ' 为正角，称为欠补偿；

如果 $I_c=I_L$，则 $\varphi'=0$，为全补偿；

如果 $I_c>I_L$，则 φ' 为负角，属于过补偿。

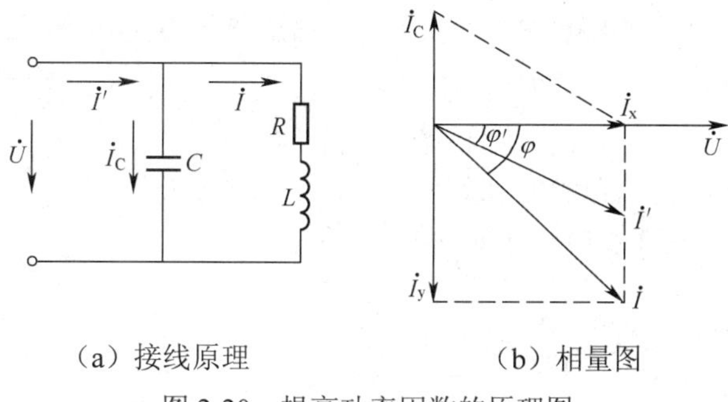

（a）接线原理　　（b）相量图

图 2-20　提高功率因数的原理图

在 $\cos\varphi' \approx 0.95$ 后，要再提高功率因数，则并联电力电容器的电容量将增加很多，这既不经济也没有必要；如果过补偿，则更是得不偿失的。因此，在实际工程设计及应用中，总是采用欠补偿，把功率因数提高到 0.9～0.95。

并联电容器在电力系统中除了能补偿无功功率、提高电网功率因数外，还能减少电路的总电流，由此可减小线路截面和电能损耗、电压损耗及用户电费支出，而且可明显提高电气设备的有功功率，以及同样多的负荷下可减小变压器的容量。

4. 并联电容器的装设与控制

并联电容器容量和数量的选择，图 2-21 表示了无功功率补偿后功率因数的提高。由图可见，原无功计算功率 Q_c 经补偿无功功率 $Q_{c□c}$ 后，减少为 Q_c'，在有功计算功率 P_c 不变的情况下，视在计算功率 S_c 减少为 S_c'，电路功率因数由 $\cos\varphi$ 提高到 $\cos\varphi'$，即整个电路的视在计算功率和相应的计算电流都降低了，但功率因数提高了。

由图 2-21 可知，要使功率因数由 $\cos\varphi$ 提高到 $\cos\varphi'$，电路中必须装设的并联电容器容量为

$$Q_{c□c} = Q_c - Q_c' = P_c(\tan\varphi - \tan\varphi') = P_c \cdot \Delta q_c \tag{2-36}$$

式中，$\Delta q_c = \tan\varphi - \tan\varphi'$ 叫做“比补偿容量”或“补偿率”，单位为 kvar/kW。

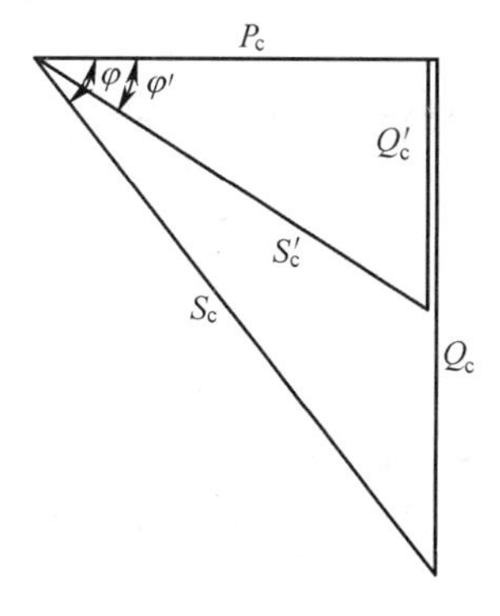

图 2-21　无功功率补偿与功率因数的提高

在计算 $Q_{c\square c}$ 后，根据并联电容器每只的容量 q_c，就可求得所需要的电容器个数为

$$n = \frac{Q_{c\square c}}{q_c} \tag{2-37}$$

这里要注意三点：一是如选用单相电容器，则个数 n 应为 3 的整倍数，以利于三相均衡分配；二是选用电容器的个数及容量要尽可能同厂家产品样本（或设计手册）的无功功率补偿屏（柜）规格一致；三是按实际选用个数和容量后，与原计算所需要补偿的值 $Q_{c\square c}$ 一般不一致，这时应按实际选用的电容器容量 $Q'_{c\square c}$ 为准。

5. 补偿后用户的负荷计算和功率因数计算

装设无功补偿装置后，在靠电源侧，即确定补偿装置装设地点前的计算负荷时，必须使用改变后的无功计算负荷（Q'_c）和视在计算负荷（S'_c），即

$$Q'_c = Q_c - Q'_{c\square c} \tag{2-38}$$

式中，$Q'_{c\square c}$——实际选用的值。

$$S'_c = \sqrt{P_c^2 + (Q_c - Q'_{c\square c})^2} = \sqrt{P^2 + Q'^2} \tag{2-39}$$

由以上分析可知，在变压器低压侧装设了无功补偿装置以后，视在计算负荷将明显减少。视在计算负荷的减少，不仅降低变压器的容量，减少变压器本身的成本，而且节约了相应的配套电气设备、导线电缆、保护装置以及占地等。由此可见，提高功率因数有利于电力系统。

2.1.3 任务分析与实施

2.1.3.1 任务分析

低压断路器的安装：

（1）低压断路器的运行检查；

（2）DW 型断路器的检查；

（3）DZ 型低压断路器的检查；

（4）低压断路器的日常维护。

教学重点及难点：低压断路器的安装、运行维护。

2.1.3.2 任务实施

1. 实施地点

生产性实训基地。

2. 器材需求

（1）多媒体设备；

（2）低压断路器。

3. 实施内容与步骤

（1）低压断路器的安装。

①安装前用 500V 兆欧表检查断路器的绝缘电阻。在周围介质温度为（20±5）℃和相对度为 50%～70%时，绝缘电阻值应不小于 10MΩ，否则应烘干。

②安装低压断路器时，应将脱扣器电磁铁工作面的防锈油脂擦拭干净，以免影响电磁机构的正常动作。

③低压断路器应垂直安装在配电板上，底板结构必须平整，否则旋紧安装螺钉时，可能会损坏

断路器外壳。安装时应保证外装灭弧室至相邻电器的导电部分和接地部分之间的安全距离。

④不应漏装断路器的隔弧板，装上后方可投入运行，以防止切断电路时产生电弧，引起相间短路。

⑤在进行电气连接时，电路中应无电压。被连接的母线或电缆，应在其接近低压断路器接线处加以紧固，以免各种机械和负荷的电动力传递到断路器上。

⑥安装完毕后，应使用手柄或其他传动装置，检查断路器工作的准确性和可靠性。

（2）低压断路器的运行检查。

运行中断路器的一般检查内容如下：

a. 检查负荷电流是否在额定值范围以内。

b. 检查断路器的信号指示与电路分、合闸状态是否相符。

c. 检查断路器的过负荷热脱扣器的整定值，是否与过负荷定值的规定相符。

d. 检查断路器与母线或出线的连接点有无过热现象。

e. 过流脱扣器整定值一经调好就不许随意变动。使用日久后要检查其弹簧是否生锈卡住，以免影响其正常动作。若发生长时间的负荷变动（增加或减少），则需相应调节该整定值，必要时应更换设备或附件。

f. 应定期检查各种脱扣器的动作值，有延时者还要检查其延时是否准确。

g. 注意监听断路器在运行中的声响，细心辨别其有无异常音响。

此外低压断路器在安装使用后，若因故长期未用而需重新投入使用时，要认真检查其接线是否正确、可靠，同时要进行清扫，并测量其绝缘。若灭弧装置受潮，则应先行干燥处理，待各方面均符合要求后，方能再次启用。

（3）DW 型断路器的检查。

①检查辅助触点有无烧蚀现象。

②检查灭弧栅有无破裂和松动，若有损坏应停止使用，待修复或更换后方能投入运行，以免断开电路时发生飞弧，造成相间短路。

③检查失压脱扣线圈有无异常声音和过热现象，电磁铁上的短路环有无损伤。

④检查绝缘连杆有无损伤或放电现象。

⑤检查传动机构中连接部位的开口销及弹簧等是否完好，传动机构有无变形、锈蚀、销钉松脱等情况，相间绝缘主轴有无裂痕、表层剥落或放电现象。

⑥检查合闸电磁铁机构及电动机合闸机构是否完好。

⑦断路器的金属外壳应该接地，要检查其接地是否完好。

（4）DZ 型低压断路器的检查。

①检查断路器的外壳有无裂损现象。

②检查断路器的操作手柄有无裂损。

③检查断路器的电动合闸机构润滑是否良好，机件有无裂损。

（5）低压断路器的日常维护。

①定期清除低压断路器上的尘垢，以免影响操作和绝缘。

②停电后取下灭弧罩，检查灭弧栅片的完整性，清除表面的烟痕和金属粉末，外壳应完整无损。若有损坏，则应及时更换。

③断路器在使用一定次数或分断短路电流后，若触头表面有毛刺和金属颗粒应及时清理修整，以保证接触良好。若触头银钨合金表面烧损并超过 1mm 时，则应更换新触头。

④检查触头压力有无因过热而失效，调节三相触头的位置和压力，使其保持三相同时闭合，并保证接触面完整、接触压力一致。

⑤用手动缓慢分、合闸，检查辅助触点的动断、动合工作状态是否符合要求，同时清擦其表面，对损坏的触头应予更换。

⑥检查脱扣器的衔接和弹簧活动是否正常，动作应无卡阻，电磁铁工作极面应清洁平滑，无锈蚀、毛刺和污垢；查看热元件的各部位有无损坏，其间隙是否正常。如有以上不正常情况时，应进行清理或调整。

⑦对机构各摩擦部位应定期加润滑油，使用一定时间（一般为半年）或一定次数（通常为机械寿命的 1/4，根据容量不同，一般应为 500～5000 次）后，给操作机构添加润滑油（小容量塑壳式断路器除外）。

⑧低压断路器要定期检修（每半年至少 1 次），检修完毕后应做传动试验，检查其是否正常。特别是对电气连锁系统，要确保其接线正确、动作可靠。

任务二　GGD 型配电柜安装与调试

2.2.1　任务要求

（1）认识 GGD 型配电柜。

（2）了解 GGD 型配电柜的结构、工作原理和适用范围。

2.2.2　相关知识

2.2.2.1　标准

（1）《主回路（一次回路）配线工艺守则》　Q/ON-OFF-GY-01

（2）《辅助回路（二次回路）配线工艺守则》　Q/ON-OFF-GY-02

（3）《低压电器安装工艺守则》　Q/ON-OFF-GY-03

（4）《接地保护电路安装工艺守则》　Q/ON-OFF-GY-04

（5）《线端热缩管加工工艺》　Q/ON-OFF-GY-06

2.2.2.2　工艺要求

1. GGD 型配电柜为外购柜体

（1）在实施生产作业之前，生产人员要详细阅读该产品的电装技术说明和电气原理图。

（2）领用柜体时，要检查以下项目：

①柜体表面无划痕。

②铰链合适，有无蹭漆现象。

③接地柱、走线支架、母线夹等结构附件数量是否齐全。

④如有问题及时通知库管员，由库管员通知结构检验员。

（3）领用元器件时，要注意以下事项：

①严格核对《材料表》与实发数量。

②认真检查元器件的规格型号是否与《材料表》相符。

2. 元件安装

GGD 型配电柜结构架用 8MF 冷弯型钢板局部焊接组装而成，零部件按模块原理设计，并有具有相离孔距 20mm 的模数安装孔。

3. 分工

一次配线工负责安装主回路元件、配电柜内辅助回路元件，二次配线工负责安装仪表门上的辅助回路元件。

（1）在元件安装时，依据元件布置图进行布件，如果有异议，比如依据元件布置图安装元件排列不下，与元件布置图不相符时，飞弧距离、电器间隙及爬电距离达不到要求，用户的进出线困难等问题，找项目工程师或工艺负责人协商，有项目工程师的签字认可。

（2）在元件安装的过程中，注意核对元器件的型号（电压、电流）。

4. 元件安装

（1）元件安装时有元件布置图的依据元件布置图进行安装。

（2）元件安装时，如果没有元件布置图，依据电气原理图布件时，要综合考虑柜体的安装方式，用户的进出线要求，空开、接触器的飞弧距离，一次配线所需要的空间，确定 N、PE 排的安装位置等。在方便配线的同时，要保证用户的进出线空间、空开、接触器的飞弧距离，电器间隙及爬电距离。

（3）进线刀开关及主空开进出线方式，根据技术图纸要求确定进出线电缆方式。

2.2.3 任务分析与实施

2.2.3.1 任务分析

（1）GGD 型配电柜安装常用工具准备；

（2）GGD 型配电柜一次回路元件安装；

（3）GGD 型配电柜二次回路元件安装。

教学重点及难点：GGD 型配电柜的安装、运行维护。

2.2.3.2 任务实施

1. 实施地点

生产性实训基地。

2. 器材需求

（1）多媒体设备；

（2）GGD 型配电柜。

3. 实施内容与步骤

（1）一次回路元件安装。

1）HD_{13BX} 和 HS_{13BX} 型旋转操作式刀开关安装，如图 2-22 所示。

①紧固旋转机构安装板，左右共六个平极十字攻花螺钉。

②安装旋转操作式刀开关旋转机构，调整同柜门配合位置，要求：四个 M8×12 外六角螺钉安装，其中一个螺钉加爪垫，如图 2-22（a）所示。

③根据刀开关操作杆确定安装梁位置（竖梁深度），安装梁进行固定，螺钉朝外穿进行固定。使用 M8×20 螺钉（每根镀锌梁或板同喷塑框架安装采用爪垫安装，每根至少一个），如图 2-22（b）所示。

④根据刀开关孔距同旋转机构杆确定安装梁上下位置，安装梁进行固定；安装刀开关；调整操作连杆螺母位置，保证刀片合闸到位，三个刀片中任何一个刀片到位置处相差不超过 2mm，如图 2-22（c）所示。

⑤调整刀开关：开关操作杆进行旋转，调整连杆螺母，开关接点分合到位，如图 2-22（d）所示。

⑥调整到位后粘贴分、合闸标识，如图 2-22（e）所示。

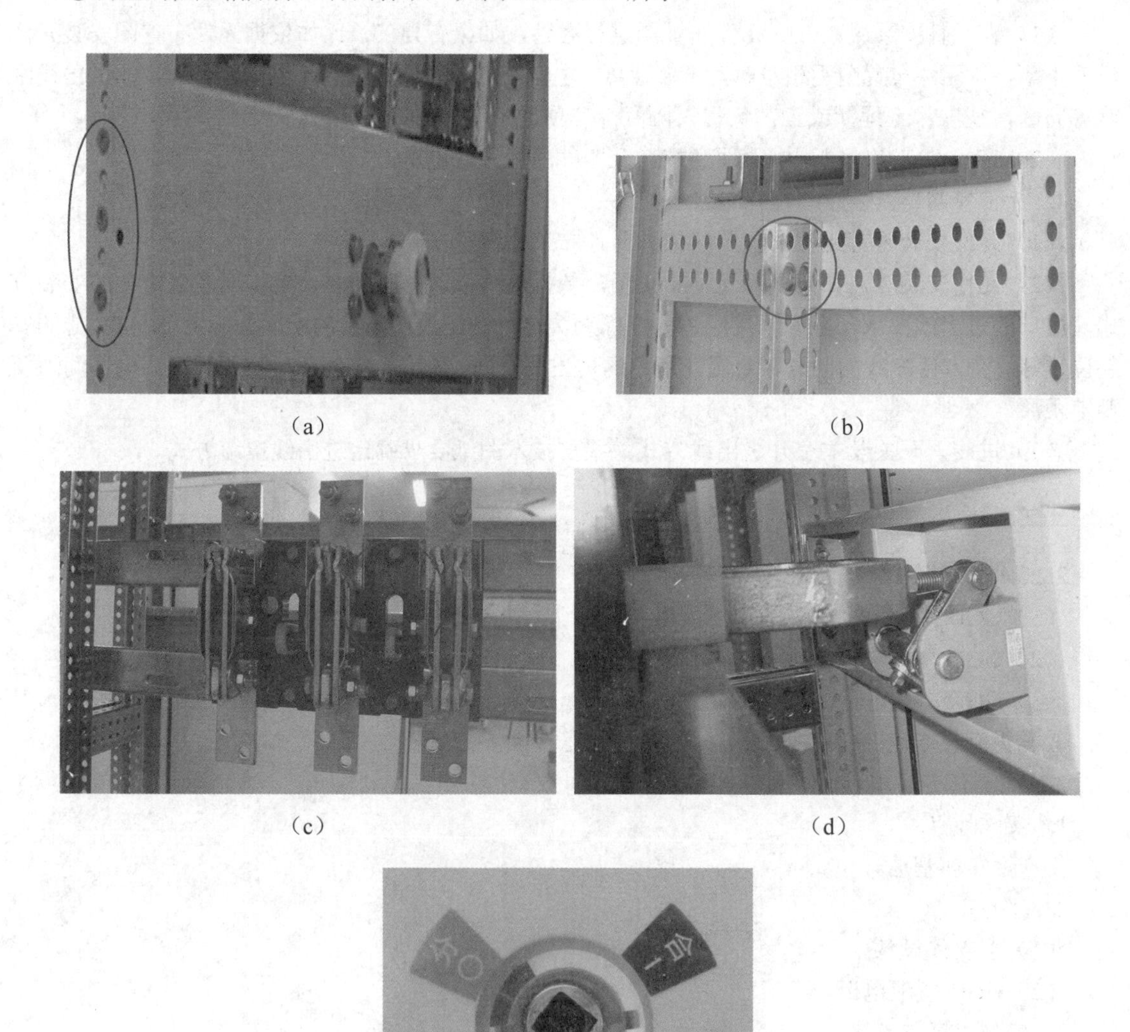

（a）　（b）

（c）　（d）

（e）

图 2-22　刀开关安装调试

2）框架开关安装，如图 2-23 所示。

①根据柜门开孔高度移动柜体前后纵拉梁，如图 2-23（a）所示。

②框架开关安装，如图 2-23（b）所示。

a. 根据框架开关深度确定横梁安装前后位置深度安装开关固定梁（开关如果采用安装板安装，安装板必须有加强劲）。

b. 固定框架开关，安装螺钉紧固。

c. 柜门外露开关面板 5mm 左右。

（a）

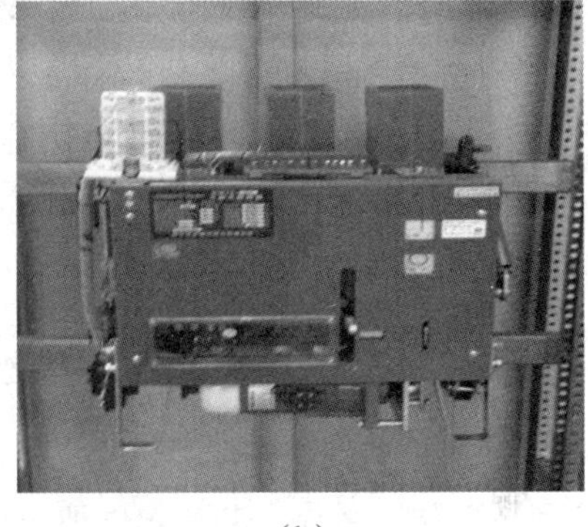

（b）

图 2-23　框架开关安装

3）塑壳开关，如图 2-24 所示。

①根据开关数量、出线电缆截面确定元件安装位置。

②自加工部分的空间尽量压缩，保证用户出线空间。

图 2-24　塑壳开关安装

注意：一般情况 GGD 型配电柜为前后开门，元件较多时可采用正反两面安装。开关容量较大，采用母线制作，前后开关位置调整均匀。

4）电流互感器安装，如图 2-25 所示。

①电流互感器优先正面安装，方便维修，可以用安装梁固定安装，也可以固定在铜排上，往铜排上安装时，顶丝和铜排的热缩管之间加电流互感器本身的垫片。如果铜排截面和电流互感器的安

装槽不匹配时，在铜排的后面垫 3～5mm 黄色绝缘板，宽度以电流互感器的安装槽为准，高度和电流互感器等高。

图 2-25　电流互感器安装

②三个电流互感器安装时，优先采用水平排列（□□□），电流互感器之间最小有 3mm 的间隙，有困难时采用“品”字型排列，B 相的电流互感器与 A、C 相电流互感器之间最小有 10mm 的间隙。

注意：当主回路元件容量较小、数量较多时，控制回路元件，采用导线制作可以考虑线槽布件。

5）二次元件安装。

①柜内控制部分元件根据元件布置图进行安装，无布置图依据不妨碍用户出线。原则：柜内可以直接放置的，柜内放置，空间有限时可采用接线端子、控制熔断器、小型中继竖梁侧端子板安装。

a．柜内接线端子安装，如图 2-26 所示：根据内部空间决定安装位置；控制元件较多采用线槽布件；控制元件较少可以直接安装。空间尽量压缩，保证用户出线空间。

b．侧梁元件、端子安装，如图 2-27 所示：柜内无空间，对于接线端子，熔断器、HH5 系列中继等元器件、附件采用斜端子板安装；安装时需要注意安装位置在柜门铰链侧，注意自接线侧靠门。

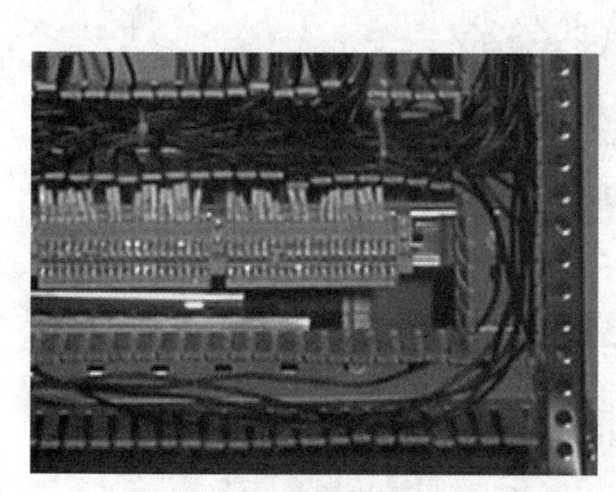

图 2-26　柜内接线端子安装图

图 2-27　侧梁元件、端子安装

②柜门灯、钮等元件依据技术板面布置图进行安装，有问题项目工程师协商解决。

6）元件标识粘贴。

①柜内元件：若元器件其本身带有标记部位，直接贴于元器件的标记部位上，无标记位置的粘贴于元件明显位置或安装板上，左侧应粘贴整齐。微断开关、熔断器、接线端子标识的粘贴，如图 2-28 所示（电流端子断开电点冲下）。

②柜门元件代号的粘贴：粘贴在柜门内元器件位置左上方，同一排的元件代号保持在一条直线

上。用铅笔画一条与仪表门边平行的直线，按直线粘贴，如图 2-29 所示。

图 2-28　柜内元件标识粘贴

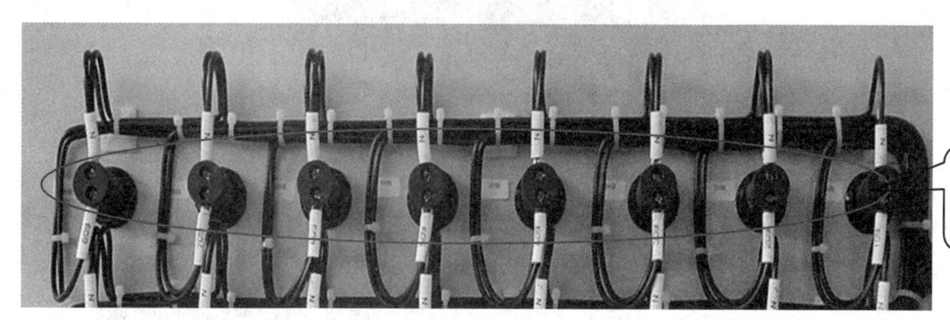

图 2-29　柜门标签粘贴

7）一次线配制。

一次线配制前期工作：根据图纸及元件容量及进出线，确定铜母线和导线截面、母线走向、连接；依据连接和进、出线确定铜母线支撑。标准 GGD 柜汇流母线柜顶为三相相线，柜后低部安装 N、PE 排。

a. 柜顶部母线夹相序位置及安装，如图 2-30 所示：从柜正面数为远、中、近，最近对应为 A、B、C 相；同批配电柜母线夹前后位置统一。在汇流排并柜两端头母线夹外及零排靠侧板处必须加防护，用螺钉同柜体框架固定。

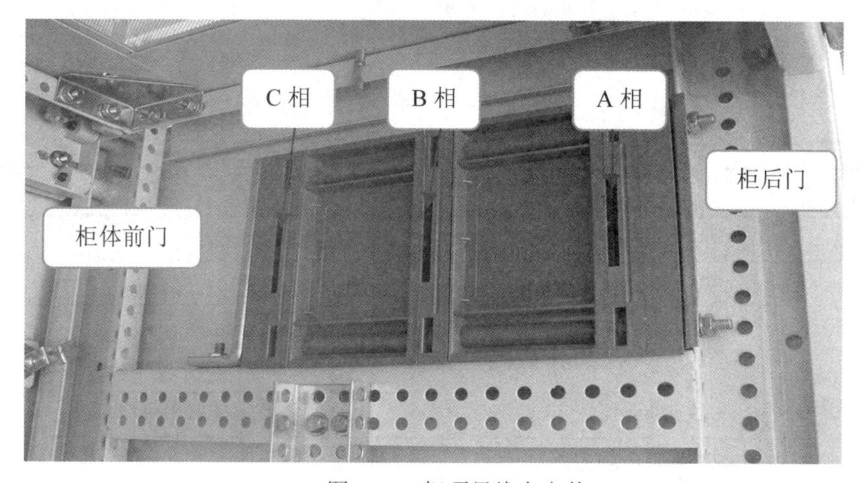

图 2-30　柜顶母线夹安装

b．配电柜内部，母线夹安装，如图 2-31 所示：根据进、出线方式确定安装部位；对于母线截面较小可采用绝缘子支撑，截面较大采用母线架安装；安装支撑时不可将钢性安装梁绕进三相铜排内部，安装过程中考虑铜排搭接距离、电气间隙，支撑强度。

图 2-31　柜体内部返排支撑安装

c．零、地排支架安装，如图 2-32 所示：零排截面较大（宽度 80～100mm）采用专用零母线夹安装。地排采用垂直安装在柜体结构框架上，如果没有空间可采用柜体框架水平安装；零排截面较小（宽度 60mm 及以下）采用 Φ50mm 绝缘子安装。地排垂直安装在柜体结构框架，在零排下部。

（a）

（b）

图 2-32　零、地排支架安装

d．竖母线架及支撑间距见表 2-2。

表 2-2　竖母线架及支撑间距

母线宽度	支撑间距（mm）	固定螺栓
15≤b≤30	300	=15mm 为 M5
		20mm 为 M6
		25mm、30mm 为 M8
30＜b≤50	600	M8
≥60	750	M10、12

备注：对于柜内塑壳开关等出现电缆截面较大的，出线注意增加绝缘支撑。进出、线电缆梁安装配带齐全。

8）一次导线配制。

①导线的选用。

导线的线色：按电装技术说明的要求选用导线，无说明时选用色线。

导线的线径：技术图纸中注明线经时按技术图纸选用，如不便于加工，改线径征求项目工程师的同意。技术图纸中无标注时，根据公司《低压配电成套装置选线表》选用需要特别注意第 7 条。

②配线。

断线：应按元件的实际长度断线，断线余量为：长度 1m 以内时余量≤100mm，长度 1m 以上时余量≤150mm（原则上用盒尺测量）。

线束敷设：导线线束在板或梁后敷设，分支水平线束用塑料扎扣捆绑，垂直线束用螺旋管缠绕捆绑，捆绑时导线不应交叉，采用扎带捆绑时间距 80mm，在开关等元器件的分线处适当增加扎扣，保证分线点直接对应元器件的接线点。整条线束横平竖直，参照物安装梁边、U 型竖梁。

线束固定：水平线束固定间距 250mm，尽量使用扎扣捆绑固定，无法固定时采用 30×30 的吸盘固定；垂直线束固定间距 300mm，直接固定在 U 型竖梁（U 型竖梁前立面的内面），线束转弯处增加固定点。经过电气梁端头时注意防护。

③导线的连接。

无论单股导线或多股导线，分线时不能握死弯，用手握 90 度活弯，分线点直接对应开关的接线点。

导线从分线点到元器件接线点的长度，以元器件的具体位置而定，导线到相同电器元件的接线点弯曲一致。

采用单股导线时，端头应折回头弯，回头弯的长度以线皮间距元器件裸铜接点 1mm 为标准，回头弯水平压接；电器元件为螺钉压接时，单股导线应弯圈，弯圈应为螺钉直径的 1.1 倍，弯圈方向同螺钉紧固前进方向一致；压接处线皮外露 1mm，压接牢固。

采用多股导线时，端头要涮锡，涮锡后保持线皮的清洁。两根以上的导线连接时采用冷压接线片，压接时用专用压线钳压接两道，压接的顺序为先压导线端，压接后涮锡，涮锡的质量保证锡从接线片的开口处进入接线片内。接线片涮锡后套热缩管，热缩管要剪成直角，同一排导线的热缩管成型后，应保持高度一致。

9）铜排加工与安装。

①铜排截面的选择：根据公司《低压配电成套装置选线表》选用特别注意第 7 条选用截面的要求，另外需要注意：

电装技术说明中对铜排有要求时，依据该说明选用铜排，但横封铜排不得小于 20mm。

从空开引出“π”接铜排依据图纸标注的电缆截面而定，相间电气间隙不够时，要进行铜排搭接或刻角，保证相间电气间隙最小为 13mm。

母线制作参照《主回路（一次回路）配线工艺守则》母线加工部分。

铜排表面处理：无特殊要求的，汇流母线喷黑漆，竖母线及分支铜母线为表面镀锡套黑色热缩管。要求如下：分支母线热缩管距电气元件的接线端子为 3mm；分支母排与主母排连接时热塑管与搭接面间距 5mm。

②铜排的安装：铜排安装时要保证横平竖直，同一平面的铜排保证差距在 1～3mm 内。

母线平置时，贯穿螺钉应由下而上穿，其余情况下，螺母应置于维护侧。贯穿螺栓连接的母线两侧均应有平垫圈、弹簧垫圈和螺母，螺栓长度宜露出螺母 2～3 扣。

铜排安装时，不应使电器的接线端子受额外压力。

铜排安装后，贴圆形色标用来区分相序。

粘贴部位在明显位置，粘贴要求同一排母线色标整齐一致，规格如下：

a．铜排宽度 10～15mm，用 Φ10 的色标。

b．铜排宽度 20～30mm（包括 30mm），用 Φ20 的色标。

c．铜排宽度 30mm 以上，用 Φ30 的色标。

注意：主汇流排过长分段制作，在分段后制作安装完成后经检验员确认，完成确认需要对分段铜母线进行标识。内容包括：几号柜至几号柜（按柜体连接放置位置）、相序等。

③铜排加工制作。

a．旋转式刀开关进线排制作，满足进线电缆搭接面。控制回路取电源线在铜排上钻 Φ5.2 孔，用 M5 螺钉固定，如图 2-33 所示。

图 2-33　旋转式刀开关进线排制作

b．上返母线夹的竖汇流母线制作，如图 2-34 所示：竖汇流截面在 60×6 以下时建议使用绝缘子支撑固定；60×6 及以上时考虑使用母线夹固定。

图 2-34　上返母线夹的竖汇流母线制作

c．配电柜采用前后两面安装元件和铜排加工，如图 2-35 所示。

图 2-35　配电柜采用前后两面安装元件和铜排加工

d．刀开关至塑壳开关经互感器母线制作，如图 2-36 所示。

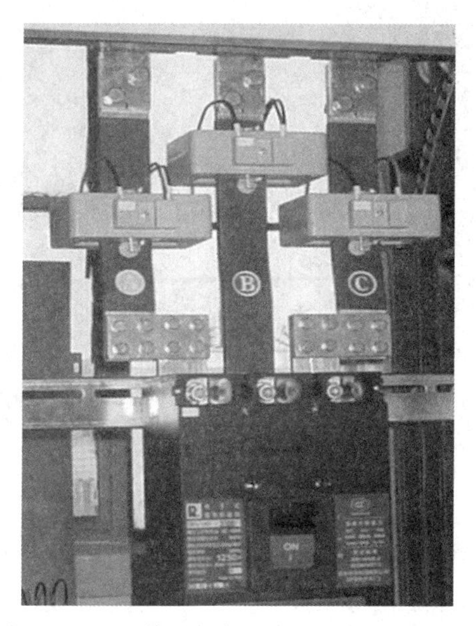

图 2-36　刀开关至塑壳开关经互感器母线制作

④零、地排制作。

a．N、PE 排的截面。

截面的选择应符合《主回路（一次回路）配线工艺守则》中表 9 的规定。由于考虑柜体的宽度和铜排的机械强度，N、PE 排的截面应增大，最小不应小于 40×4。

b．N、PE 排加工。

N、PE 端子数量不能少于开关的馈出回路数，且能适用于连接随额定电流而定的最小至最大截面积的铜导线和电缆。比如，进线电缆为 3×120+2×70，那么 N、PE 排上就应该预留压接 $70mm^2$ 电缆的压接空间，用 Ø10 压接螺钉。

c．N、PE 排安装。

为方便用户接线应尽量采用垂直安装，当元件安装靠下出线空间不够时可以水平安装。

10）二次线配制。

①配线前工作。

准备导线：电装技术说明无特殊要求时，用黑色多股软线，电流回路选用 BVR-$2.5mm^2$，其余选用 BVR-$1.5mm^2$，屏蔽线按要求选用。

打印线号管：线号管长度应为 20～25mm，剪成直角，线号打印清晰、牢固，相应线径选用相应线号管，不得任意混用。

②下线。

下线前核实所有的二次元件位置；下线时依据图纸标注的仪表门接线点和柜内的元件对应点，考虑走线的方式进行下线，导线的余量不超过 200mm，下线后穿上相应的线号管。

③配线。

配线原则：从仪表门开始配线，向柜内延伸。

④仪表门配线，如图 2-37 所示。

图 2-37　仪表门配线

a．线束要保持横平竖直，参照物：水平线束与仪表门的横边平行，垂直线束与仪表门的竖边平行。

b．线束内导线用 100mm 长的扎扣捆绑，用 20×20 的吸盘固定。捆绑时导线不应交叉，扎扣间距 50～60mm，分线点整加扎扣，吸盘间距 150～200mm，吸盘要横平竖直。

c．仪表门的线束要经过过门卡子进入柜内，卡子和线束之间，缠绕3～4层黑色胶带（胶带要缠绕整齐）。

⑤过门线要求。

a．过门线束长度一般应为250～300mm。

b．过门线束用Φ8的螺旋管缠绕，缠螺旋管之间的间距10～15mm。

c．过门线束进入柜内的第一固定点在安装梁，固定点的位置和仪表门的过门卡子相对应，固定后线束打圆弧弯绕过U形竖梁进入U形竖梁的后立面。

⑥配电柜内线束敷设。

a．配电柜内主线束沿U形竖梁的后立面敷设，线束缠绕Φ8的螺旋管。

b．主线束到二次元件的安装梁时，开始分线、加线。线束沿安装梁的后面尽量用扎扣捆绑，确实无固定点时用30×30的吸盘固定，线束要和安装板弯边平行，分线时，分线点要对应电器元件的接线点，不得倾斜。

11）电器元件接线方式。

根据元件接点高度和接线方式不同进行接线，指示灯、按钮多为上海二工产品AD16指示灯、LA39按钮，接线量为100mm（以门板为基准）弯曲圆弧弯。

仪表：仪表分线后，按规定的仪表接线方式，仪表线握弯的弯曲点与仪表边沿平齐为标准，弯曲一致。

转换开关：多为上海二工产品LW39系列产品，线束距转换开关25mm左右进行分线，同转换开关平行对接点分线。

3TH中间继电器：中间继电器上接线点分为上下两层对应接线，弯曲的部位上下对称。接线端子相类似元件如接触器等接线相同。

对于线槽部分接线，导线出线槽时同元件接点对齐就近分线。

电源线的接线方式如下：

a．同开关连接：电源线对应开关接点直接弯曲圆弧弯。

b．同铜排连接：从铜排的一侧弯曲圆弧弯，弯曲一致。

同开关连接注意压接顺序：空开触点的主接触面→一次导线→二次导线。

12）导线压接。

首先确定导线长度进行断线，剥线、压接线片、涮锡、接线点的压接。在压接接线片之前，先检查线号管字体方向、读号方式：线号管垂直放置时，线号应从下向上读；线号管水平放置时，线号从左向右读。

根据接线片长度确定剥线长度，用专用的剥线钳的合适钳口进行剥线。

根据合同电装说明确定接线片是否要求涮锡，如果要求冷压能使用预绝缘护套接线片的尽量采用，对于OT、UT接线片也采用冷压。对于有涮锡要求的产品在压接完接线片后进行涮锡。

①接线片选用：根据合同电装说明和元件接点确定选用接线片种类。对于接线片不要求涮熄的的合同选用合适的预绝缘接线片。

a．电源线、CP系列电流、电压表，N、PE排上压接导线，采用OT接线片。

b．HH52P、HH54P中间继电器、RT18熔断器等采用UT接线片螺钉压接式端子。

c．AD16指示灯、LA39按钮、LW39转换开关、3TH中间继电器的开、闭点，卡笼式接线端子，比如BT系列、CP系列互感器采用IT接线片。

d．西门子框架开关、施耐德框架开关、H-2519 端子采用预绝缘接线片。

e．西门子塑壳开关、施耐德框架开关内部辅助触点、分励线圈上连接导线采用涮锡压接。

②压接线片：用专用二次压线钳选用合适钳口压接，选用合适钳口，压接时压线钳压到底，压线钳弹簧弹开钳口，首次压接查看接线片是否压接到位，钳口是否磨损。检查保证压接紧固。

③接线片焊接：接线片压接后进行焊锡处理，焊锡要饱满、无虚焊、漏焊。

④焊接注意：首先电烙铁要热，对元件焊点、导线焊点进行焊锡，时间控制在 2s 以内，其次再把导线焊点和元件焊点放在一起，用电烙铁加热熔焊。

⑤接线点压接：

a．接线点压接时，接线片要完全被压接在接线点的压接特别注意 UT 接线片的压接，杜绝 U 形接线片一边压在端子内，一边压在端子外。

b．接线点必须紧固，压接后用手垂直用力，接线片不能从压接端子内脱落。

c．元件上不接线的端子也要适当拧紧，预防产品在运输过程中螺钉脱落。

接线如图 2-38 所示。

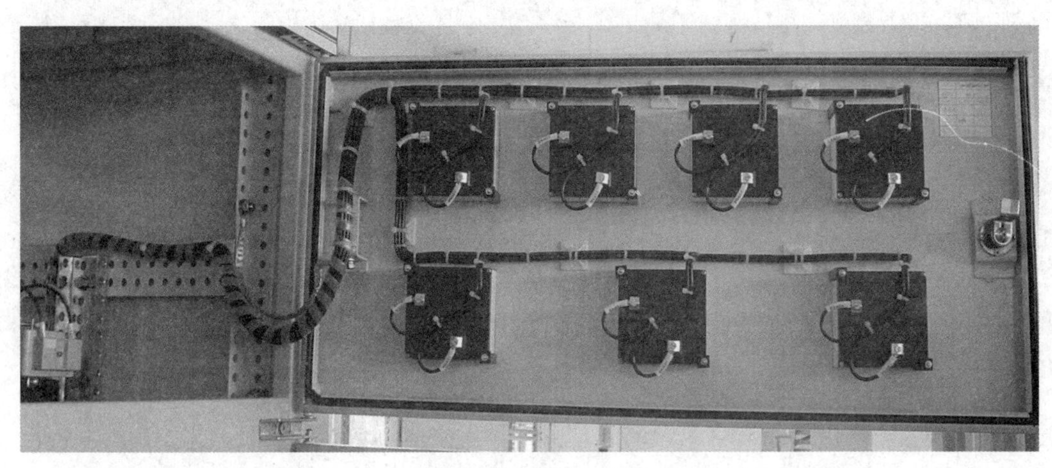

图 2-38　导线压接

2．保护地线

（1）有接地要求的元件必须接地，例如：控制变压器，框架开关等采用就近接地，保护地线截面依据接地工艺选用，如图 2-39 所示。

（2）仪表门接地。

采用就近接地原则，从仪表门接地点（Φ6）到 U 型竖梁前立面对应点（用 Φ6 接线片）进行连接，用 $6mm^2$ 编织线，编织线的长度为 200mm，如果过长，用扎扣扎住，同喷塑层连接需要使用爪垫，如图 2-39（a）所示。

（3）柜体接地。

从柜体接地点和 PE 排进行连接。用黄绿软线套黑色塑料套。按主开关容量选用，最大不超过 $35mm^2$。考虑节约原则，优先采用从柜体接地点到 PE 排上最近的压接螺钉，如图 2-39（b）所示。

3．厂牌的安装、3C 粘贴

（1）厂牌的加工。

厂牌专用的金属标牌打印机进行刻字，内容以工艺部给出的数字为准。刻字时位置居中，用力要适当，刻字后内容即要清晰，又不能出现很深的凹坑。

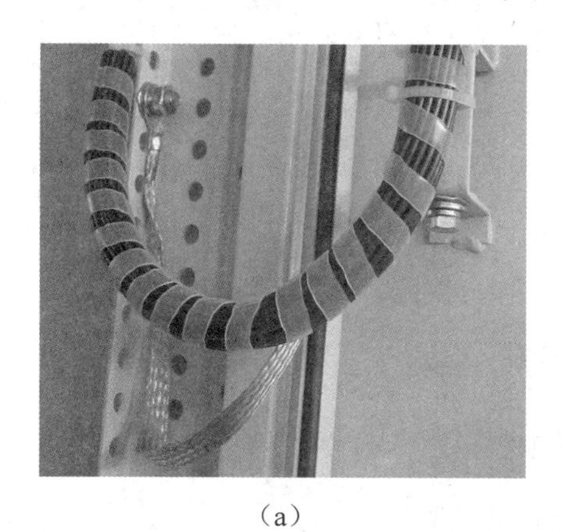
（a）

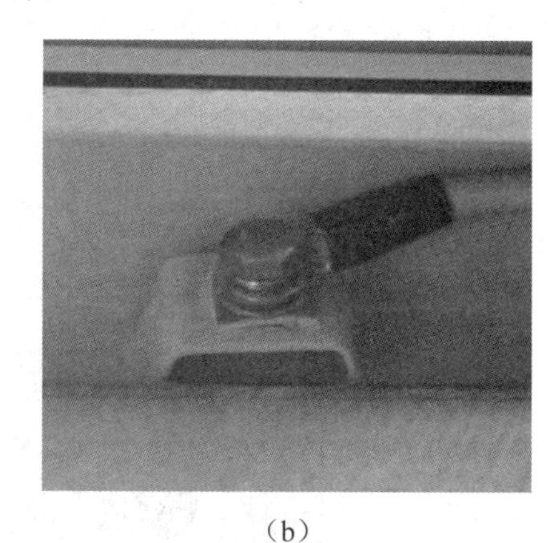
（b）

图 2-39　地线制作、安装

（2）厂牌的安装、3C 粘贴在柜门左上角，厂牌铆接在中间门靠下（0.3*中门高度）的距离，左右居中，安装后不得倾斜，如图 2-40 所示。

图 2-40　厂牌、3C 位置

4. 包装

说明：交检合格后，依据技术部下发的说明，确定产品的包装形式：塑料袋包装、纸包装和木包装（木包装目前有外协厂承办）。对于随机附件、随机文件，用户如要求随机包装，则牢固捆绑在柜体内。

（1）塑料袋包装。

①装规格相符的塑料袋后，在柜体的四个边角加 150×800mm 专用纸角，每边角两个，共 8 个。

②专用纸角上下对齐（上顶以眉头的下边为齐，下底以柜体的底边为齐），每个专用纸角用上下两道塑料捆绑带捆紧，距上下边各 100mm 的位置捆绑，整个柜体共四道塑料捆绑带。

③打塑料捆绑带时，一定要水平，最好两人同时操作。

（2）纸包装。

①产品应牢固的固定在木底托上。

②打包装时，首先产品用塑料袋套装，其次内垫 3～5cm 的泡沫板，最后柜体四周用瓦楞纸板包装，用塑料捆绑带捆紧（捆紧的程度以不压破纸板为准）。塑料捆绑带的捆绑部位：包装的高度 3 等分，打两道；包装的宽度 3 等分，打两道。

③柜体正面粘贴运输标志，包括：

a．发货标志：产品型号、原图号及名称、数量及合同号、箱体尺寸、重量等。

b．包装储运标志："此端向上"、"小心轻放"、"防潮" 等标志。

④收尾时注意：隔板安装，用 M8 攻花螺钉安装；楣头堵头注意安装，如图 2-41 所示。

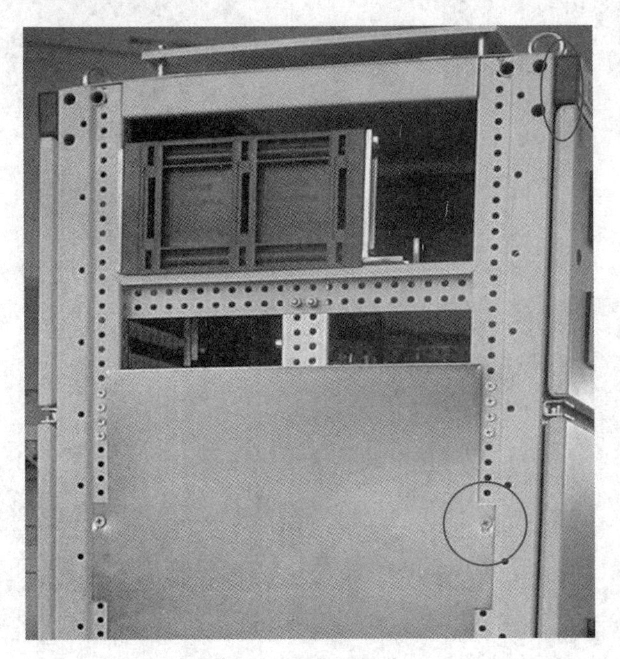

图 2-41　收尾工作

项目三

变压器的安装与调试

1. 掌握电力变压器的工作原理。
2. 掌握电力变压器的保护方法。
3. 掌握电力变压器的安装及运行维护的方法。

任务一　变压器的选择

3.1.1　任务要求

（1）认识变压器。

（2）了解变压器的结构、工作原理和适用范围。

3.1.2　相关知识

3.1.2.1　变压器的认识

电力变压器是一种静止的电气设备，是用来将某一数值的交流电压（电流）变成频率相同的另一种或几种数值不同的电压（电流）的设备。当一次绕组通以交流电时，就产生交变的磁通，交变的磁通通过铁芯导磁作用，就在二次绕组中感应出交流电动势。二次感应电动势的高低与二次绕组匝数的多少有关，即电压大小与匝数成正比。主要作用是传输电能，因此，额定容量是它的主要参数。额定容量是一个表现功率的惯用值，它表征传输电能的大小，以 kVA 或 MVA 表示，当对变压器施加额定电压时，根据它来确定在规定条件下不超过温升限值的额定电流。较为节能的电力变压器是非晶合金铁心配电变压器，其最大优点是，空载损耗值特低。最终能否确保空载损耗值，是整个设计过程中所要考虑的核心问题。当在产品结构布置时，除要考虑非晶合金铁心本身不受外力的作用外，同时在计算时还须精确合理选取非晶合金的特性参数。

1. 电力变压器的分类

（1）按用途可分为：电力变压器和特种变压器。

（2）按绕组形式可分为：双绕组变压器、三绕组变压器和自耦变压器。

（3）按相数可分为：单相变压器、三相变压器和多相变压器。

（4）按冷却方式可分为：油浸自冷、油浸风冷、油浸水冷和空气自冷等。

（5）按绝缘介质可分为：油浸式变压器、干式变压器、充气式变压器等。

（6）按调压方式分为：有载调压变压器、无励磁调压变压器。

（7）按中性点绝缘水平分为：全绝缘变压器和半绝缘变压器。

电力变压器：它是电力系统中供电的主要设备，一般分为油浸式和干式两种。目前油浸式变压器用作升压变压器、降压变压器、联络变压器和配电变压器等；干式变压器特别是低损或节能型的，已获得越来越广泛的应用。

特种变压器：它是指电力变压器以外，其他各种变压器（容量较大者）的统称。它们的品种繁多，例如，冶炼用电炉变压器、焊接用的电焊变压器、电解用整流变压器、船用变压器、矿用变压器；还有电流、电压互感器以及电抗器等产品，因其基本原理和结构与变压器相似，故也统称为变压器类产品。

电子变压器：它主要用于电子和自控系统中。按工作频率可分为：工频变压器、中频变压器、音频变压器、超音频变压器和高频变压器等。按用途可分为：电源变压器、脉冲变压器以及参量变压器等。

油浸式变压器：依靠油作冷却介质，如油浸自冷、油浸风冷、油浸水冷及强迫油循环等。一般升压站的主变都是油浸式的，变比 20kV/500kV，或 20kV/220kV，一般发电厂用于带动带自身负载（比如磨煤机、引风机、送风机、循环水泵等）的厂用变压器也是油浸式变压器，它的变比是 20kV/6kV。

干式变压器：依靠空气对流进行冷却，一般用于局部照明、电子线路等小容量变压器，在电力系统中，一般汽机变、锅炉变、除灰变、除尘变、脱硫变等都是干式变，变比为 6000V/400V，用于带额定电压 380V 的负载。

电力系统中的电力变压器一般可以分为三类，即发电机的升压变压器、连接最高电压级（如 500kV 及 220kV）电网间的联络变压器、直接向负荷供电的变压器。

降压用变压器与升压用变压器的电压分级上的区别，按照电力变压器选用导则（GB/T17468－1998）的规定，变压器的选用：

①变压器额定电压：指单相或三相变压器线路端子之间，指定施加的或空载时感应出的指定电压。

②降压用变压器（输入端）额定电压通常为：3、6、10、15、35、66、110、220、330、500kV。

③升压用变压器额定电压通常为：发电机变压器（输入端）电压 3.15、6.3、11(10.5)、13.8、15.75、18、20、24kV；（输出端）电压 38.5、72.5、121、242、363、550kV。

升压变压器一般为无载调压分接开关的变压器。发电机是调节性能优良的可变无功能源，在一般情况下，发电机的升压变压器没有采用带负荷抽头调节的必要，甚至可以采用没有电压分接头的变压器。

网络变压器与升压变压器亦同。对于 220kV 及以上连接最高电压级电网的网络变压器，对包括升压变压器，联络两个最高电压级的变压器等，一般不宜采用带负荷调压方式。

降压变压器一般均为有载调压分接开关的变压器。对于直接向负荷供电的变压器的电压调节要求与以上两类变压器大不一样，广泛采用带负荷调节电压抽头是必要的。

升压用变压器与降压用变压器的输出端电压是不同的。变压器输出端电压需比负荷侧电压（如母线电压）高10%的电压。

2. 电力变压器的结构和型号

电力变压器的基本结构包括铁心和绕组两大部分。绕组又分高压和低压或一次和二次绕组等。

图3-1是三相油浸式电力变压器的外观和结构图。

（a）外观图

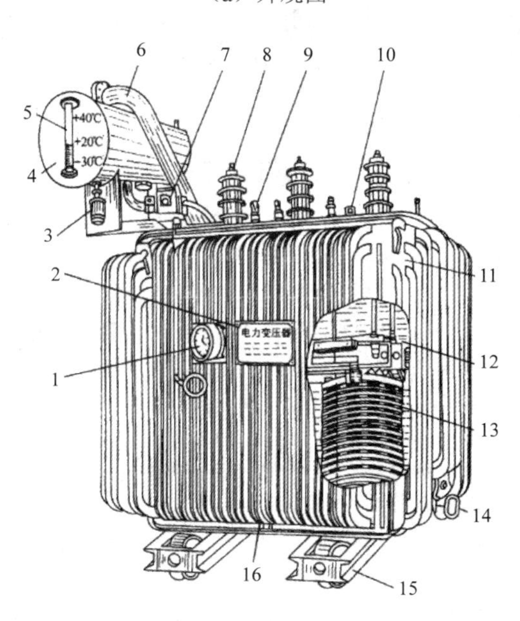

（b）结构图

1—信号温度计；2—铭牌；3—吸湿器；4—油枕（储油柜）；5—油位指示器（油标）；6—防爆管；7—瓦斯继电器（气体继电器）；8—高压套管和接线端子；9—低压套管和接线端子；10—分接开关；11—油箱及散热油管；12—铁心；13—绕组及绝缘；14—放油阀；15—小车；16—接地端子

图3-1　三相油浸式电力变压器的外观和结构

图3-2是三相干式电力变压器的外观和结构图。

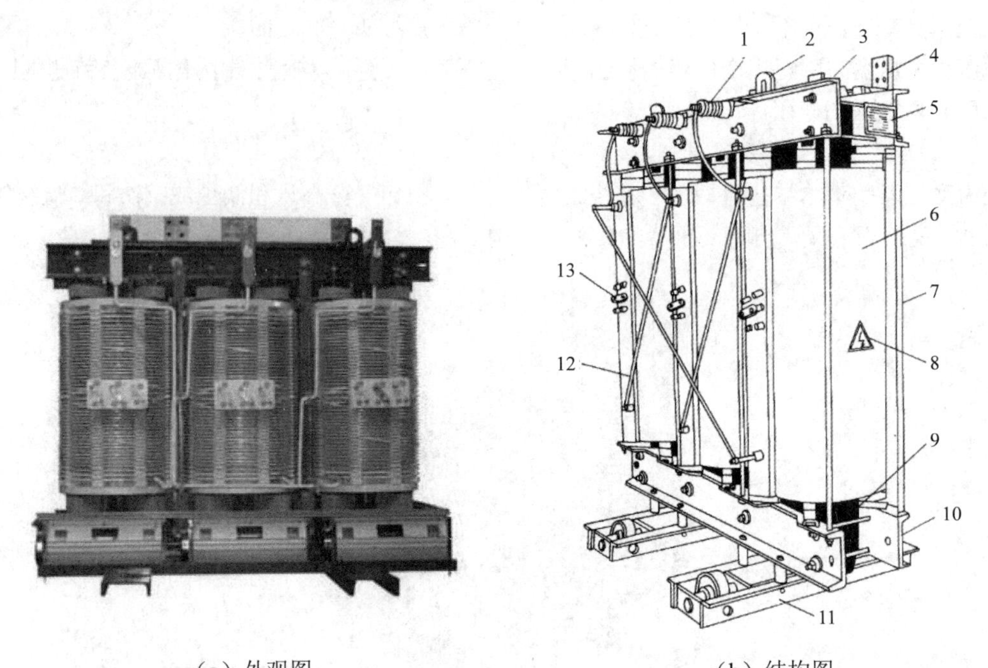

（a）外观图　　　　（b）结构图

1－高压出线套管；2－吊环；3－上夹件；4－低压出线接线端子；5－铭牌；6－环氧树脂浇注绝缘绕组（内低压、外高压）；7－上下夹件拉杆；8－警示标牌；9－铁心；10－下夹件；11－小车（底座）；12－高压绕组相间连接导杆；13－高压分接头连接片

图3-2　三相干式电力变压器的外观和结构

电力变压器全型号的表示和含义如下：

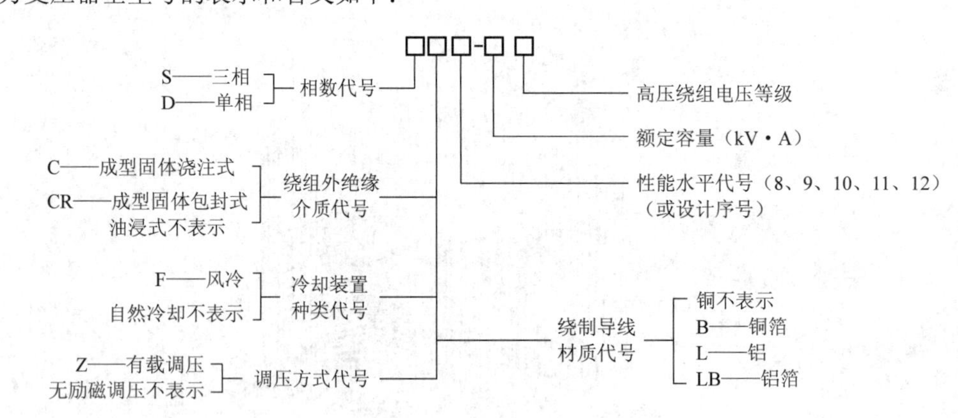

3.1.2.2　变压器的过负荷能力

1．电力变压器的正常过负荷能力

电力变压器在正常运行时，负荷不应超过其额定容量。但是，变压器并非总在最大负荷下运行，在许多时间内变压器的实际负荷远小于额定容量。因此，变压器在不降低规定使用寿命的条件下具有一定的短期过负荷能力。变压器的过负荷能力，分正常过负荷能力和事故过负荷能力两种。

电力变压器在正常运行时带额定负荷可连续运行20年。由于昼夜负荷变化和季节性负荷差异而允许的变压器过负荷，称为正常过负荷。这种过负荷系数的总数，对室外变压器不超过30%，对室内变压器不超过 20%。

电力变压器的正常过负荷时间是指在不影响其寿命、不损坏变压器的各部分绝缘的情况下允许过负荷的持续时间。允许变压器正常过负荷倍数及允许过负荷的持续时间见表 3-1。

表 3-1 自然冷却或吹风冷却油浸式电力变压器的过负荷允许时间 单位：h:min

过负荷倍数	过负荷前上层油温升/℃					
	18	24	30	36	42	48
1.05	5:60	5:25	4:50	4:00	3:00	1:30
1.10	3:50	3:25	2:50	2:10	1:25	0:10
1.15	2:50	2:25	1:50	1:20	0:35	
1.20	2:05	1:40	1:15	0:45		
1.25	1:35	1:15	0:50	0:25		
1.30	1:10	0:50	0:30			
1.35	0:55	0:35	0:15			
1.40	0:40	0:25				
1.45	0:25	0:10				
1.50	0:15					

电力油浸式变压器允许的正常过负荷包括以下两部分：

（1）由于昼夜负荷不均匀而允许的变压器过负荷。

根据典型日负荷曲线的填充系数（即日负荷率）β 和最大负荷持续时间 t，如图 3-5 所示，即可得变压器的允许过负荷系数 $K_{\mathrm{oL(1)}}$。

（2）由于夏季欠负荷而在冬季允许的变压器过负荷。

如果夏季的平均日负荷曲线中的最大负荷低于变压器容量 S_{NT} 时，则每低 1%，变压器在冬季可过负荷 1%（1%规则）。但此项过负荷不得超过 15%，即此项过负荷系数为

$$K_{\mathrm{oL(2)}} = 1 + (S_{\mathrm{NT}} - S_{\mathrm{M}}) / S_{\mathrm{NT}} \leqslant 1.15 \tag{3-4}$$

以上两项过负荷可同时考虑，即变压器在冬季最大正常过负荷系数为

$$K_{\mathrm{oL}} = K_{\mathrm{oL(1)}} + K_{\mathrm{oL(2)}} - 1 \tag{3-5}$$

按规定：户内变压器，正常过负荷最大不得超过 20%；户外变压器，正常过负荷最大不得超过 30%。因此变压器最大的正常过负荷能力（最大出力）为

$$S_{\mathrm{T(oL)}} = K_{\mathrm{oL}} S_{\mathrm{NT}} \leqslant (1.2 \sim 1.3) S_{\mathrm{NT}} \tag{3-6}$$

式中，系数 1.2 适于户内变压器，系数 1.3 适于户外变压器。

2. 电力变压器的事故过负荷能力

当电力变压器在事故状态下（例如两台并列运行的变压器在一台被切除时），为了保证重要负荷的继续供电，可允许短时间较大幅度的过负荷运行。这种过负荷即事故过负荷。

变压器事故过负荷倍数及允许时间，可参照表 3-2 执行。若过负荷的倍数和时间超过允许值时，则应按规定减少变压器的负荷。

变压器的事故过负荷能力是以牺牲变压器的寿命为代价的。

表 3-2　变压器允许的事故过负荷倍数及时间

过负荷值	30%	45%	60%	75%	100%	200%
允许时间	120min	80min	45min	20min	10min	90s

3.1.2.3　电力变压器应装设的保护分类

（1）瓦斯保护。

对变压器油箱内部的各种故障及油面的降低，应装设瓦斯保护。对 800kVA 及以上油浸式变压器和 400kVA 及以上车间内油浸式变压器，均应装设瓦斯保护。当油箱内故障产生轻微瓦斯或油面下降时，应瞬时动作于信号；当产生大量瓦斯时，应动作于断开变压器各侧断路器。

（2）纵差保护或电流速断保护。

对变压器绕组、套管及引出线上的故障，应根据容量的不同，装设纵差保护或电流速断保护。保护瞬时动作，断开变压器各侧的断路器。

① 对 6.3MVA 及以上并列运行的变压器和 10MVA 单独运行的变压器以及 6.3MVA 以上厂用变压器应装设纵差保护。

②对 10MVA 以下厂用备用变压器和单独运行的变压器，当后备保护时间大于 0.5s 时，应装设电流速断保护。

③对 2MVA 及以上用电流速断保护灵敏性不符合要求的变压器，应装设纵差保护。

④对高压侧电压为 330kV 及以上变压器，可装设双重纵差保护。

⑤对于发电机变压器组，当发电机与变压器之间有断路器时，发电机装设单独的纵差保护。当发电机与变压器之间没有断路器时，100MW 及以下发电机与变压器组共用纵差保护；100MW 以上发电机，除发电机变压器组共用纵差保护外，发电机还应单独装设纵差保护。对 200MW～300MW 的发电机变压器组也可在变压器上增设单独的纵差保护，即采用双重快速保护。

（3）外部相间短路时的保护。

反应变压器外部相间短路并作瓦斯保护和纵差保护（或电流速断保护）后备的过电流保护、低电压启动的过电流保护、复合电压启动的过电流保护、负序电流保护和阻抗保护，保护动作后应带时限动作于跳闸。

①过电流保护宜用于降压变压器，保护装置的整定值应考虑事故状态下可能出现的过负荷电流。

②复合电压启动的过电流保护，宜用于升压变压器、系统联络变压器和过电流保护不满足灵敏性要求的降压变压器。

③负序电流和单相式低电压启动的过电流保护，一般用于 63MVA 及以上升压变压器。

④对于升压变压器和系统联络变压器，当采用上述②、③的保护不能满足灵敏性和选择性要求时，可采用阻抗保护。对 500kV 系统的联络变压器高、中压侧均应装设阻抗保护。保护可带两段时限，以较短的时限用于缩小故障影响范围，较长的时限用于断开变压器各侧断路器。

（4）外部接地短路时的保护。

对中性点直接接地电网，由外部接地短路引起过电流时，如变压器中性点接地运行，应装设零序电流保护。零序电流保护通常由两段组成，每段可各带两个时限，并均以较短的时限用于缩小故障影响范围，以较长的时限用于断开变压器各侧的断路器。对自耦变压器和高、中压侧中性点都直接接地的三绕组变压器，当有选择性要求时，应增设零序方向元件。当电力网中部分变压器中性点接地运行，为防止发生接地时，中性点接地的变压器跳闸后，中性点不接地的变压器（低压侧有电源）仍带接地故障继续运行，应根据具体情况，装设专用的保护装置，如零序过电压保护、中性点装设放电间隙加零序电流保护等。

（5）过负荷保护。

对于 400kVA 及以上的变压器，当数台并列运行或单独运行并作为其他负荷的备用电源时，应根据可能过负荷的情况装设过负荷保护。对自耦变压器和多绕组变压器，保护装置应能反映公共绕组及各侧过负荷情况。过负荷保护应接于一相电流上，带时限动作于信号。在无经常值班人员的变电站，必要时过负荷保护可动作于跳闸或断开部分负荷。

（6）过励磁保护。

现代大型变压器的额定磁密近于饱和磁密，频率降低或电压升高时容易引起变压器过励磁，导致铁芯饱和，励磁电流剧增，铁芯温度上升，严重过热会使变压器绝缘劣化，寿命降低，最终造成变压器损坏。因此，高压侧为 500kV 及以上的变压器应装设过励磁保护。在变压器允许的过励磁范围内，保护作用于信号，当过励磁超过允许值时，可动作于跳闸。过励磁保护反应于实际工作磁密和额定工作磁密之比（称过励磁倍数）而动作。

（7）其他保护。

对变压器温度及油箱内压力升高或冷却系统故障，应按现行变压器标准的要求，装设可作用于信号或动作于跳闸的装置。

3.1.2.4　电力变压器的故障、异常工作状态及其保护方式

在电力系统中广泛使用变压器来升压或降压。变压器是电力系统不可缺少的重要电器设备。它的故障将对供电可靠性和系统安全运行带来严重的影响，同时大容量的变压器也是非常贵重的设备。因此，应根据变压器容量等级和重要程度，装设性能良好、动作可靠的继电保护装置。

变压器故障可分为油箱内部故障和油箱外部故障。油箱内部故障主要是指发生在变压器油箱内包括高压侧或低压侧绕组的相间短路、匝间短路、中性点直接接地系统侧绕组的单相接地短路。变压器油箱内部故障是很危险的，因为故障点的电弧不仅会损坏绕组绝缘与铁芯，而且会使绝缘物质和变压器油箱中的油剧烈汽化，由此可能引起油箱的爆炸。所以，继电保护应尽可能快地切除这些故障。油箱外部最常见的故障主要是变压器绕组引出线和套管上发生的相间短路和接地短路（直接接地系统侧），而油箱内发生相间短路的情况比较少。

变压器的不正常工作状态主要有：负荷长时间超过额定容量引起的过负荷；外部短路引起的过电流；外部接地短路引起的中性点过电压；油箱漏油引起的油面降低或冷却系统故障引起的温度升高；大容量变压器在过电压或低频等异常运行工况下导致变压器过励磁，引起铁芯和其他金属构件过热。变压器处于不正常运行状态时，继电器应根据其严重程度，发出警告信号，使运行人员及时发现并采取相应的措施，以确保变压器的安全。

变压器油箱内部发生故障时，除了变压器各侧电流、电压变化外，油箱内的油、气、温度等非电量也会发生变化。因此，变压器的保护也就分为电量保护和非电量保护两种。非电量保护装设在变压器内部。线路保护中采用的许多保护如过电流保护、纵差保护等在变压器的电量保护中都有应用，但在配置上有区别。

1. 变压器的纵差保护

（1）变压器纵差保护的基本原理。

变压器纵差保护主要是用来反映变压器绕组、引出线及套管上的各种短路故障，是变压器的主保护。变压器纵差保护是按照循环电流原理构成的，图 3-3 示出了双绕组和三绕组变压器纵差保护原理接线图。

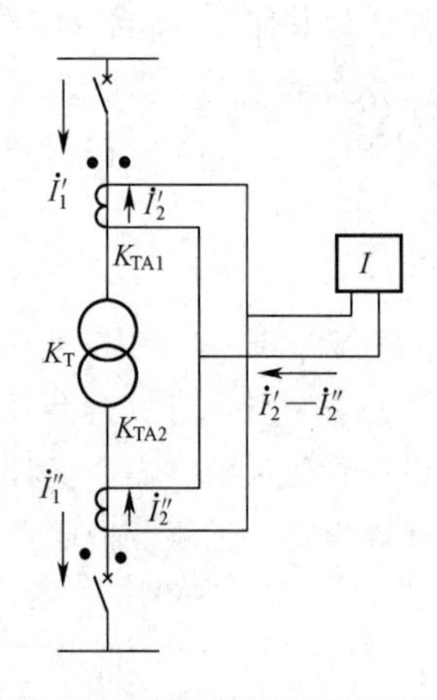

（a）双绕组变压器正常运行时的电流分布

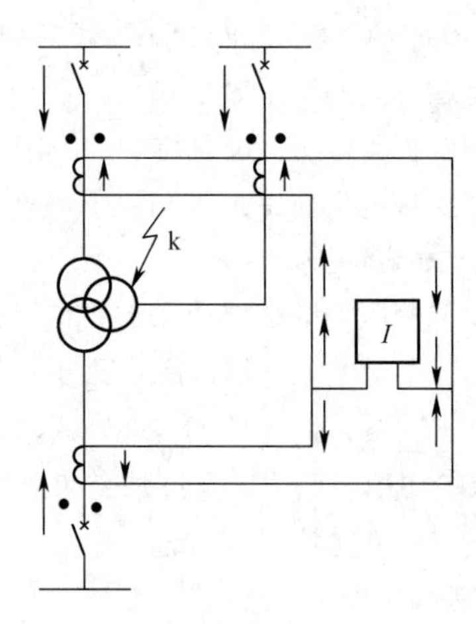

（b）三绕组变压器内部故障时的电流分布

图 3-3　变压器纵差保护原理接线图

由于变压器高压侧和低压侧的额定电流不同，因此，为了保证纵差保护的正确工作，就须适当选择两侧电流互感器的变比，使得正常运行和外部故障时，两个电流相等。

正常运行或外部故障时，差动继电器中的电流等于两侧电流互感器的二次电流之差，欲使这种情况下流过继电器的电流基本为零，则应恰当选择两侧电流互感器的变比。

因为

$$\dot{I}_2' = \dot{I}_2'' = \frac{\dot{I}_1'}{K_{TA1}} = \frac{\dot{I}_1''}{K_{TA2}} \tag{3-7}$$

即

$$\frac{K_{TA2}}{K_{TA1}} = \frac{\dot{I}_1''}{\dot{I}_1'} = K_T \tag{3-8}$$

式中　K_{TA1}——TA1 的变比，一般指高压侧；

K_{TA2}——TA2 的变比，一般指低压侧；

K_T——变压器的变比。

若上述条件满足，则当正常运行或外部故障时，流入差动继电器的电流为

$$\dot{I}_K' = \dot{I}_1' - \dot{I}_1'' = 0 \tag{3-9}$$

当变压器内部故障时，流入差动继电器的电流为

$$\dot{I}_K' = \dot{I}_1' + \dot{I}_1'' \tag{3-10}$$

为了保证动作的选择性，差动继电器的动作电流 I_{set} 应按躲开外部短路时出现的最大不平衡电流来整定，即

$$I_{set} = K_{rel} I_{unb \cdot max} \tag{3-11}$$

式中　K_{rel}——可靠系数，其值大于 1。

从式（3-11）可见，不平衡电流 I_{unb} 愈大，继电器的动作电流也愈大。I_{unb} 太大，就会降低内部短路时保护的灵敏度，因此，减小不平衡电流及其对保护的影响，就成为实现变压器纵差保护的主要问题。为此，应分析不平衡电流产生的原因，并讨论减少其对保护影响的措施。

（2）不平衡电流产生的原因。

1）稳态情况下的不平衡电流。

①变压器正常运行时由励磁电流引起的不平衡电流。

变压器正常运行时，励磁电流为额定电流的 3%～5%。当外部短路时，由于变压器电压降低，此时的励磁电流更小，因此，在整定计算中可以不考虑。

②变压器各侧电流相位不同引起的不平衡电流。

电力系统中变压器常采用 Y，d11 接线方式，因此，变压器两侧电流的相位差为 30°，如果两侧电流互感器采用相同的接线方式，即使两侧电流数值相同，也会产生 $2I_1\sin15°$ 的不平衡电流。因此，必须补偿由于两侧电流相位不同而引起的不平衡电流。具体方法是将 Y，d11 接线的变压器星形接线侧的电流互感器接成三角形接线，三角形接线侧的电流互感器接成星形接线，这样可以使两侧电流互感器二次连接臂上的电流 I_{AB2} 和 I_{ab2} 相位一致，如图 3-4（a）所示。电流相量图如图 3-4（b）所示。按图 3-4（a）接线进行相位补偿后，高压侧保护臂中电流比该侧互感器二次侧电流大 3 倍，为使正常负荷时两侧保护臂中电流接近相等，故高压侧电流互感器变比应增大 3 倍。

在实际接线中，必须严格注意变压器与两侧电流互感器的极性要求，防止发生差动继电器的电流相互接错，极性接反现象。在变压器的纵差保护投入前要做接线检查，在运行后，如测量不平衡电流值过大不合理时，应在变压器带负载时，测量互感器一、二次侧电流相位关系，以判别接线是否正确。

③电流互感器计算变比与实际变比不同。

变压器高、低压两侧电流的大小是不相等的。为满足正常运行或外部短路时流入继电器差回路的电流为零，则应使高、低压侧流入继电器的电流相等，则高、低压侧电流互感器变比的比值应等于变压器的变比。但实际上由于电流互感器在制造上的标准化，往往选出的是与计算变比相接近且较大的标准变比的电流互感器。这样，由于变比的标准化使得其实际变比与计算变比不一致，从而产生不平衡电流。

④变压器各侧电流互感器型号不同。

由于变压器各侧电压等级和额定电流不同，所以变压器各侧的电流互感器型号不同，它们的饱和特性、励磁电流（归算至同一侧）也就不同，从而在差动回路中产生较大的不平衡电流。

⑤变压器带负荷调节分接头。

变压器带负荷调节分接头是电力系统中电压调整的一种方法，改变分接头就是改变变压器的变比。整定计算中，纵差保护只能按照某一变比整定，选择恰当的平衡线圈减小或消除不平衡电流的影响。当纵差保护投入运行后，在调压抽头改变时，一般不可能对纵差保护的电流回路重新操作，因此又会出现新的不平衡电流。不平衡电流的大小与调压范围有关。

2）暂态情况下的不平衡电流。

纵差保护是瞬动保护，它是在一次系统短路暂态过程中发出跳闸脉冲的。因此，暂态过程中的不平衡电流对它的影响必须给予考虑。在暂态过程中，一次侧的短路电流含有非周期分量，它对时间的变化率（$\frac{di}{dt}$）很小，很难变换到二次侧，而主要成为互感器的励磁电流，从而使铁芯更加饱和。本来按 10%误差曲线选择的电流互感器在外部短路稳态时，已开始处于饱和状态，加上非周期分量的作用后，则铁芯将严重饱和。因而电流互感器的二次电流的误差更大，暂态过程中的不平衡电流也将更大。变压器励磁涌流就是一种暂态电流，对纵差保护回路不平衡电流的影响更大。

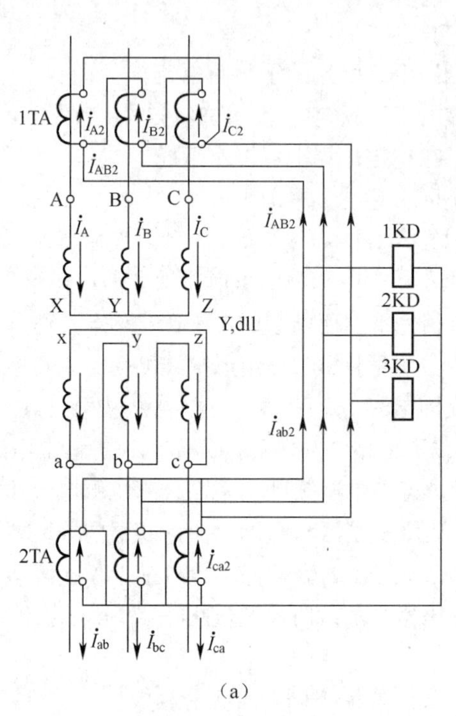

（a）

	高压侧		低压侧	
	记号	相量图	记号	相量图
变压器绕组电流	$\dot I_A$ $\dot I_B$ $\dot I_C$	$\dot I_A$ $\dot I_C$ $\dot I_B$	$\dot I_a$ $\dot I_b$ $\dot I_c$	$\dot I_a$ $\dot I_c$ $\dot I_b$
变压器线路电流	$\dot I_A$ $\dot I_B$ $\dot I_C$	$\dot I_A$ $\dot I_C$ $\dot I_B$	$\dot I_{ab}$ $\dot I_{bc}$ $\dot I_{ca}$	$\dot I_{ab}$ $\dot I_{bc}$ $\dot I_{ca}$
电流互感器二次侧电流	$\dot I_{A2}$ $\dot I_{B2}$ $\dot I_{C2}$	$\dot I_{A2}$ $\dot I_{C2}$ $\dot I_{B2}$	$\dot I_{ab2}$ $\dot I_{bc2}$ $\dot I_{ca2}$	$\dot I_{ab2}$ $\dot I_{bc2}$ $\dot I_{ca2}$
差动回路继电器中的电流	$\dot I_{AB2}$ $\dot I_{BC2}$ $\dot I_{CA2}$	$\dot I_{AB2}$ $\dot I_{BC2}$ $\dot I_{CA2}$	$\dot I_{ab2}$ $\dot I_{bc2}$ $\dot I_{ca2}$	$\dot I_{ab2}$ $\dot I_{bc2}$ $\dot I_{ca2}$

（b）

图 3-4　Y，d11 接线的变压器两侧电流互感器的接线及电流相量图

（3）变压器的励磁涌流。

变压器纵差保护继电器的正确选型、设计和整定，都与变压器励磁电流有关。变压器的励磁电流是只流入变压器接通电源一侧绕组的，对纵差保护回路来说，励磁电流的存在就相当于变压器内部故障时的短路电流。因此，它必然给纵差保护的正确工作带来影响。

正常情况下，变压器的励磁电流很小，通常只有变压器额定电流的 3%～6%或更小，故纵差保护回路中的不平衡电流也很小。在外部短路时，由于系统电压下降，励磁电流也将减小，因此，在稳态情况下，励磁电流对纵差保护的影响常常可忽略不计。

但是，在电压突然增加的特殊情况下，例如在空载投入变压器或外部故障切除后恢复供电等情况下，就可能产生很大的励磁电流，其数值可达额定电流的 6～8 倍。这种暂态过程中出现的变压器励磁电流通常称为励磁涌流。由于励磁涌流的存在，常常导致纵差保护误动作，给变压器纵差保护的实现带来困难。为此，应讨论变压器励磁涌流产生的原因和特点，并从中找到克服励磁涌流对纵差保护影响的方法。

对励磁涌流进行分析的主要目的在于探讨励磁涌流的最大值、最小间断角、最小二次谐波分量和非周期分量的大小，从而分析变压器纵差保护的动作情况，并研究新型纵差保护装置。

产生励磁涌流的原因主要是变压器铁芯的严重饱和使励磁阻抗大幅度降低。励磁涌流的大小和衰减速度与合闸瞬间电压的相位、剩磁的大小、方向、电源和变压器的容量等有关。当电压为最大值时合闸，就不会出现励磁涌流，只有正常励磁电流。而对于三相变压器，无论在任何瞬间合闸，至少有两相会出现程度不等的励磁涌流。

（4）减小不平衡电流的措施。

纵差保护回路中的不平衡电流，是影响纵差保护可靠性和灵敏度的重要因素，也是研究新型差动继电器成败的关键。目前使用的各种纵差保护装置，为减小不平衡电流而采用的措施如下：

1）减小稳态情况下的不平衡电流。

纵差保护各侧用的电流互感器，要尽量选用同型号、同样特性的产品，当通过外部短路电流时，纵差保护回路的二次负荷要能满足 10%误差的要求。

变压器纵差保护的二次回路中两侧电流的相位必须基本一致，不能出现相位差，否则，纵差回路中将会由于变压器两侧电流相位不同而产生不平衡电流。为了消除这种不平衡电流，通常采用相位补偿法接线。其方法是将变压器星形侧的电流互感器接成三角形，将变压器三角形侧的电流互感器接成星形，如图 3-5（a）所示，以补偿 30°的相位差。图中 I_{A1}^{Y}、I_{B1}^{Y}、I_{C1}^{Y} 为星形侧的一次电流，I_{A1}^{Δ}、I_{B1}^{Δ}、I_{C1}^{Δ} 为三角形侧的一次电流，其相位关系如图 3-5（b）所示。采用相位补偿接线后，变压器星形侧电流互感器二次回路侧差动臂中的电流分别为 $\dot{I}_{A2}^{Y}-\dot{I}_{B2}^{Y}$、$\dot{I}_{B2}^{Y}-\dot{I}_{C2}^{Y}$、$\dot{I}_{C2}^{Y}-\dot{I}_{A2}^{Y}$，它们刚好与三角形侧电流互感器二次回路中的电流 $\dot{I}_{A2}^{\Delta}$、$\dot{I}_{B2}^{\Delta}$、$\dot{I}_{C2}^{\Delta}$ 同相位，如图 3-5（c）所示。这样，差动回路中两侧的电流的相位相同。但是，采用上述接线以后，在电流互感器三角形侧的每个差动臂中，电流又增大为 $\sqrt{3}$ 倍，此时为了保证在正常运行（等于二次额定电流 5A）及外部故障情况下连接臂中电流相等，故需进行数值补偿，即使星形侧的电流互感器的变比按增大到 $\sqrt{3}$ 倍选择。

变压器星形侧按三角形接线时电流互感器的变比为

$$K_{TA(Y)}=\frac{\sqrt{3}I_{TN(Y)}}{5} \tag{3-12}$$

变压器三角形侧按星形接线时电流互感器的变比为

$$K_{TA(\Delta)} = \frac{I_{TN(\Delta)}}{5} \tag{3-13}$$

这样，通过电流互感器的适当连接及变比选择，消除了由于变压器两侧接线方式不同而使电流相位不同所产生的不平衡电流。

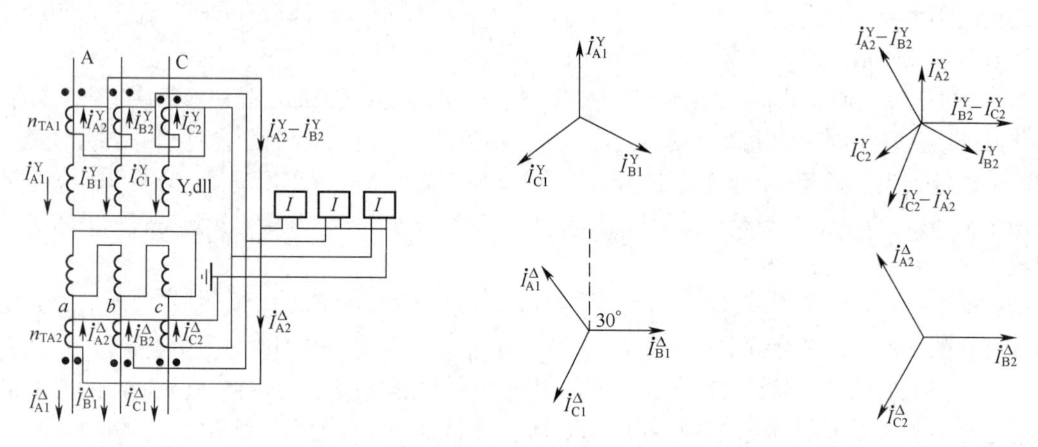

（a）原理接线图　　（b）电流互感器原边电流相量图　　（c）差动回路两侧电流相量图

图 3-5　Y，d11 接线变压器纵差保护接线图和相量图

2）减小电流互感器的二次负荷。

这实际上相当于减小二次侧的端电压，相应地减少电流互感器的励磁电流。减小二次负荷的常用办法有：减小控制电缆的电阻（适当增大导线截面，尽量缩短控制电缆长度）；增大互感器的变比 n_{TA}，因二次阻抗 Z_2 折算到一次侧的等效阻抗为 c。若二次侧采用额定电流为 1A 的电流互感器，等效阻抗只有额定电流为 5A 时的 $\frac{1}{25}$。

3）采用带小气隙的电流互感器。

这种电流互感器铁芯的剩磁较小，能够改善电流互感器的暂态特性，从而使变压器各侧电流互感器的工作特性更趋于一致，减小了暂态不平衡电流。

4）减小由于电流互感器实用变比不理想而引起的不平衡电流。

电流互感器的实用变比往往不能完全满足刚好等于变压器变比，于是将产生不平衡电流，此时可采用下列方法予以补偿。

①采用自耦变流器。

在变压器一侧的电流互感器（三绕组变压器需在两侧）的二次侧，装设自耦变流器，一般接于电流互感器二次电流较大的一侧。如图 3-6 所示，改变自耦变流器的变比，使 $\dot{I}_{2\cdot Y} = \dot{I}'_{2\cdot\Delta}$，从而补偿了不平衡电流。

②利用带速饱和铁芯的差动继电器中的平衡线圈。

通常将平衡线圈接于电流互感器二次电流较小的一侧。适当选择平衡线圈的匝数，使 $L_{ba}\dot{I}_{\Delta\cdot 2} = L_d(\dot{I}_{2\cdot Y} - \dot{I}_{2\cdot\Delta})$，这样，在正常运行或外部故障时，二次线圈 L_2 中不会产生感应电势，继电器 KD 中没有电流，从而达到了消除不平衡电流影响的目的。实际上，平衡线圈只能按整匝数选择，因此二次线圈中仍有残余不平衡电流，这在计算保护的动作值时应予以考虑。

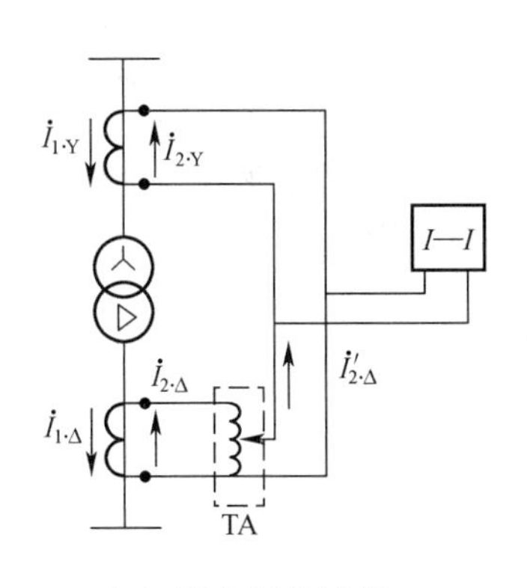

（a）用自耦变流器

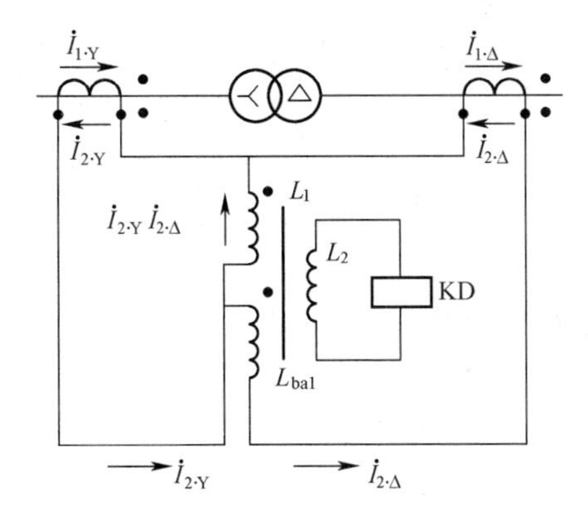

（b）用差动继电器中的平衡线圈

图 3-6　不平衡电流的补偿

5）减小暂态过程中非周期分量电流的影响。

纵差保护用的中间变流器，多具有速饱和特性。当变流器输入电流中含有大量非周期分量时，铁芯迅速饱和，因此变流器的传变特性变得很差。因暂态电流偏于时间轴一侧，从而铁芯中的磁感应强度 B 也偏于时间轴一侧，B 的变化率（$\mathrm{d}B/\mathrm{d}t$）很小，非周期分量电流很难传变到二次侧，故可减小不平衡电流中非周期分量对纵差保护的影响。

当纵差保护回路中采用了速饱和中间变流器后，由于内部故障起始瞬间的短路电流中含有大量非周期分量，因此纵差保护的动作速度减缓（约 1～2 个周波），直到非周期分量衰减幅度较大后才能正确动作。正因为这样，往往使带速饱和中间变流器的纵差保护装置的使用范围受到限制。

如果纵差保护采用速饱和中间变流器后仍不能满足灵敏度的要求，则可选用带制动特性的差动继电器或间断角原理的差动继电器等，利用其他方法来解决暂态过程中非周期分量电流的影响问题。

对于大型变压器，励磁涌流的存在对其的影响尤为严重。该励磁涌流只流过变压器的电源侧，因而会流入差动回路成为不平衡电流，引起纵差保护误动作。为此也必须采取措施以防止纵差保护在出现励磁涌流时误动作。

（5）纵差保护的整定计算。

1）纵差保护动作电流的整定原则。

①躲过电流互感器二次回路断线时引起的差动电流。

变压器某侧电流互感器二次回路断线时，另一侧电流互感器的二次电流全部流入差动继电器中，此时引起保护误动。有的纵差保护采用断线识别的辅助措施，在互感器二次回路断线时将纵差保护闭锁。若没有断线识别措施，则纵差保护的动作电流必须大于正常运行情况下变压器的最大负荷电流，即

$$I_{set}=K_{rel}I_{L\cdot max} \tag{3-14}$$

当负荷电流不能确定时，可采用变压器的额定电流，可靠系数一般取 1.3。

②躲过保护范围外部短路时的最大不平衡电流。

$$I_{unb\cdot max}=(K_{st}\times 10\%+\Delta U+\Delta f)\frac{I_{k\cdot max}}{K_{TA}} \tag{3-15}$$

式中　10%——电流互感器容许的最大相对误差；

K_{st}——电流互感器的同型系数，取为 1；

ΔU——由变压器带负荷调压所引起的相对误差，取电压调整范围的 1；

Δf——由所采用的互感器变比或平衡线圈的匝数与计算值不同时所引起的相对误差，初算时取 0.05。

③躲过变压器的最大励磁涌流

$$I_{set} = K_{rel} K_u I_N \tag{3-16}$$

式中　K_{rel}——可靠系数，取 1.3～1.5；

I_N——变压器的额定电流；

K_u——励磁涌流的最大倍数（即励磁涌流与变压器额定电流的比值），一般取 4～8。

由于变压器的励磁涌流很大，实际的纵差保护通常采用其他措施来减少它的影响，一种是通过鉴别励磁涌流和故障电流，出现励磁涌流时将纵差保护闭锁，这时在整定计算中就不必考虑励磁涌流的影响，即励磁涌流倍数为零；另一种是采用速饱和变流器减少励磁涌流产生的不平衡电流。采用加强型速饱和变流器的纵差保护（BCH2 型）时，励磁涌流倍数取 1。

按上面三个条件计算纵差保护的动作电流，选取最大值作为保护的整定值。所有电流都是折算到电流互感器的二次值。对于 Y，d11 接线的三相变压器，在计算故障电流和负荷电流时，要注意 Y 侧电流互感器的接线方式，通常在 d 侧计算较为方便。

2）纵差保护动灵敏系数的校验。

灵敏系数按下式校验

$$K_{sen} = \frac{I_{k\cdot min}}{I_{set}} \tag{3-17}$$

式中，$I_{k\cdot min}$ 为各种运行方式下变压器内部故障时，流经差动继电器的最小差动电流，即采用在单侧电源供电时，系统在最小运行方式下，变压器发生短路时的最小短路电流。按要求，灵敏系数一般不小于 2。当不能满足要求时，则需采用具有制动特性的差动继电器。

必须指出，即使灵敏系数校验能满足要求，但对变压器内部的匝间短路、轻微故障等，纵差保护往往不能迅速、灵敏地动作。运行经验表明，在此情况下，常常都是瓦斯保护先动作，然后待故障进一步发展，纵差保护才动作。显然可见，纵差保护的整定值越大，则对变压器内部故障的反应能力越低。

（6）二次谐波制动的差动继电器。

当变压器纵差保护的启动电流按式（3-15）、式（3-16）的原则整定时，为了能够可靠地躲过外部故障时的不平衡电流和励磁电流，同时又能提高变压器内部故障时的灵敏性，在变压器纵差保护中广泛采用具有比率制动和二次谐波制动的差动继电器，其主要组成部分和工作原理如下：

不论双绕组或三绕组电力变压器的励磁涌流中均含有较大成分的二次谐波分量，但在变压器内部故障或外部故障的短路电流中，二次谐波分量所占比例较小。因此，可利用上述特点构成二次谐波制动的纵差保护，使之有效地躲过励磁涌流的影响。

1）工作原理。

如图 3-7 所示为二次谐波制动的变压器纵差保护的一般性原理接线图。主要包括下面四个部分。

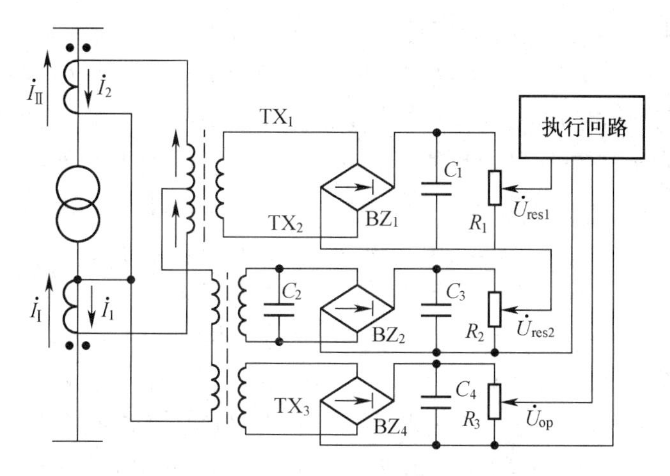

图 3-7　二次谐波制动的纵差保护原理接线框图

①比率制动回路。

由 TX_1、BZ_1、C_1 和 R_1 组成。正常运行或外部故障时，流经 TX_1 原边两个线圈的电流（$\dot{I}_1$ 和 $\dot{I}_2$）同方向，在二次线圈上产生一个与之成正比的制动电压，且该电压数值较大，对执行回路起制动作用，故保护装置不会动作。当变压器内部故障时，两侧电流中总有一侧电流（$\dot{I}_2$ 和 $\dot{I}_1$）要反向或消失，因此 TX_1 原边电流减小，副边的感应电势相应减小，所以制动作用大大减弱，保护装置将动作。图中 C_1 为滤波电容，R_1 上的抽取电压 U_{res1} 即为制动电压，调节 R_1 时可改变制动系数 K_{res} 的大小。

②二次谐波制动回路。

由 TX_2、C_2、BZ_2、C_3 和 R_2 组成。TX_2 二次线圈的电感 L 与电容 C_2 构成二次谐波并联谐振回路，对二次谐波呈现很大的阻抗，因此输出电压较高。这样，经 C_3 滤波后的二次谐波制动电压 U_{res2} 较大，可以利用调节 R_2 来改变 U_{res2} 的大小。

比率制动电压 U_{res1} 和二次谐波制动电压 U_{res2} 在电路中是相叠加的，其合成电压称为总制动电压 U_{res}，即 $\dot{U}_{res}=\dot{U}_{res1}+\dot{U}_{res2}$。

③差动回路。

由 TX_3、BZ_3、C_4 和 R_3 组成。由于 TX_3 的一次线圈接在差动回路中，因此 R_3 上的抽取电压 U_{op} 即为继电器动作电压，调节 R_3 即可改变继电器动作电流的大小。

④执行回路。

用来反映动作电压 U_{op} 与制动电压 U_{res} 的比较结果。当 $U_{res}>U_{op}$ 时，继电器不动作；当 $U_{res}<U_{op}$ 时，继电器应能可靠动作。

2）继电器的工作特点。

①正常运行及外部故障。

正常运行或外部故障时，比率制动电压 U_{res1} 较大（因为 TX_1 原边电流为 $\dot{I}_1+\dot{I}_2$），二次谐波制动电压 U_{res2} 较小（短路电流中的二次谐波分量较小），其总制动电压 $\dot{U}_{res}$ 仍较大。而此时差动回路中的动作电压 U_{op} 较小（因为 TX_3 原边电流为 $\dot{I}_1-\dot{I}_2$，数值较小），故 $U_{res}>U_{op}$，继电器不会动作。

当双侧电源的变压器内部故障时，总有一侧电流要改变方向，即 TX_1 原边电流 $\dot{I}_1$ 和 $\dot{I}_2$ 方向相

反，各自产生的磁通在 TX_1 铁芯中相抵减，故副边感应电势较小，比率制动电压 U_{res1} 很小。而此时 TX_2 原边电流等于（$\dot{I}_1+\dot{I}_2$），其数值较正常运行时显著增大；又由于短路电流中的二次谐波分量很小，其二次谐波制动电压 U_{res2} 并不大，制动作用很不明显。TX_3 原边电流与 TX_2 相同，因此差动回路中基波动作电压 U_{op} 较大。故此时 $U_{res}=\left|\dot{U}_{res1}+\dot{U}_{res2}\right|<U_{op}$ 继电器能可靠动作。

若是单侧电源的变压器内部故障时，由于只在变压器一侧有电流，因此三个电抗变换器原边流过相同电流，而且其中的二次谐波分量很小，所以二次谐波制动电压 U_{z2} 很小。只要适当调节比率制动回路输出电压 U_{res1}，即可使 $U_{op}>U_{res}\approx U_{res1}$，从而保证继电器能够可靠动作。在单侧电源的变压器上装设二次谐波制动的纵差保护，对继电器的动作条件是最不利的。

三绕组变压器采用二次谐波制动的纵差保护时，具体接线应根据各侧电源情况的不同而定。不论是单侧、双侧或三侧电源，均要求在正常运行或外部故障时具有制动作用，不允许在任一侧发生故障时失去制动作用，但是在纵差保护范围内部发生故障时，应使制动作用减到最小，以利于提高纵差保护的灵敏度。

②励磁涌流作用。

当空载投入变压器而产生励磁涌流时，此时变压器上只有充电侧有电流，因此与单侧电源的变压器相类同。但由于励磁涌流中含有很大的二次谐波分量，因此二次谐波制动电压 U_{res2} 很大，致使总制动电压 U_{res} 大于差动回路中动作电压 U_{op}，所以继电器不会动作，从而可有效地躲过励磁涌流的影响。

2. 变压器的瓦斯保护

（1）瓦斯继电器的工作原理。

当变压器内部故障（包括轻微的匝间短路和绝缘破坏引起的经电弧电阻的接地短路）时，由于故障点电流和电弧的作用，使得变压器油及其他绝缘材料因局部受热而分解产生气体，因气体比较轻，因而从油箱流向油枕的上部。当故障严重时，油会迅速膨胀并产生大量气体，此时将有大量的气体夹杂着油流冲向油枕的上部。利用变压器内部故障时的这一特点构成的保护装置称为瓦斯保护。

如果变压器内部发生严重漏油或匝数很少的匝间短路、铁芯局部烧损、线圈断线、绝缘劣化和油面下降等故障时，往往纵差保护等其他保护均不能动作，而瓦斯保护却能够动作。因此，瓦斯保护是变压器内部故障最有效的一种主保护。

瓦斯保护主要由瓦斯继电器来实现，它是一种气体继电器，安装在变压器油箱与油枕之间的连接导油管中，如图 3-8 所示。这样，油箱内的气体必须通过瓦斯继电器才能流向油枕。为了使气体能够顺利地进入瓦斯继电器和油枕，变压器安装时应使顶盖沿瓦斯继电器方向与水平面保持 1%～1.5%的升高坡度，通往继电器的导油管具有不小于 2%～4%的升高坡度。

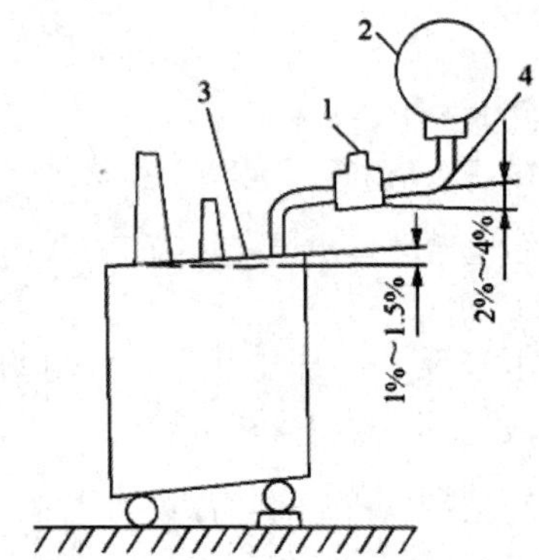

1—瓦斯继电器；2—油枕；3—变压器顶盖；4—连接管道

图 3-8 气体继电器安装示意图

瓦斯继电器的型式较多，下面将以目前广泛使用的开口杯挡板式瓦斯继电器为例说明其工作原理。

开口杯挡板式瓦斯继电器的结构如图 3-9 所示。

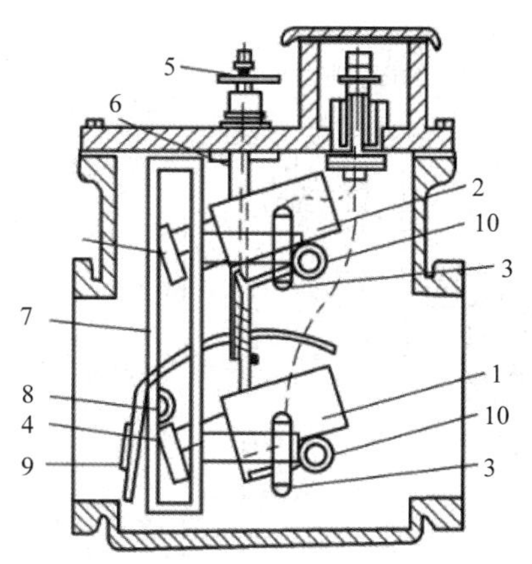

1—下开口杯；2—上开口杯；3—干簧触点；4—平衡锤；5—放气阀；
6—探针；7—支架；8—挡板；9—进油挡板；10—永久磁铁

图 3-9　开口杯挡板式气体继电器结构图

正常运行时，上、下开口杯 2 和 1 都浸在油中，开口杯和附件在油内的重力所产生的力矩小于平衡锤 4 所产生的力矩，因此开口杯向上倾，干簧触点 3 断开。

当变压器内部发生轻微故障时，少量的气体逐渐汇集在继电器的上部，迫使继电器内油面下降，而使开口杯露出油面，此时由于浮力的减小，开口杯和附件在空气中的重力加上油杯内油重所产生的力矩大于平衡锤 4 所产生的力矩，于是上开口杯 2 顺时针方向转动，带动永久磁铁 10 靠近干簧触点 3，使触点闭合，发出“轻瓦斯”保护动作信号。

当变压器油箱内部发生严重故障时，大量气体和油流直接冲击挡板 8，使下开口杯 1 顺时针方向旋转，带动永久磁铁靠近下部干簧的触点 3，使之闭合，发出跳闸脉冲，表示“重瓦斯”保护动作。

当变压器严重漏油而使油面逐渐降低时，首先是上开口杯露出油面，发出报警信号，进而下开口杯露出油面后，继电器动作，发出跳闸脉冲。

（2）瓦斯保护接线。

瓦斯保护的原理接线如图 3-10 所示。瓦斯继电器 KG 的上接点由开口杯控制，闭合后延时发出“轻瓦斯动作”信号。KG 的下接点由挡板控制，动作后经信号继电器 2KS 启动继电器 KM，使变压器各侧断路器跳闸。

为防止变压器油箱内严重故障时油速不稳定，出现跳动现象而失灵，出口中间继电器 KM 具有自保持功能，利用 KM 第三对触点进行自锁如图 3-10（a）所示，以保证断路器可靠跳闸，其中按钮 SB 用于解除自锁，也可用断路器的辅助常开触点实现自动解除自锁。但这种办法只适于出口继电器 KOM 距高压配电室的断路器较近的情况，否则连线过长而不经济。

为了防止瓦斯保护在变压器换油、瓦斯继电器试验、变压器新安装或大修后投入运行之初时误动作，出口回路设有切换片 XB，将 XB 倒向电阻 R 侧，可使重瓦斯保护改为只发信号。

瓦斯保护动作后，应从瓦斯器上部排气口收集气体，进行分析。根据气体的数量、颜色、化学成分、可燃性等，判断保护动作的原因和故障的性质。

瓦斯保护能反映油箱内各种故障，且动作迅速、灵敏性高、接线简单，但不能反映油箱外的引出线和套管上的故障。故不能作为变压器唯一的主保护，须与纵差保护配合共同作为变压器的主保护。

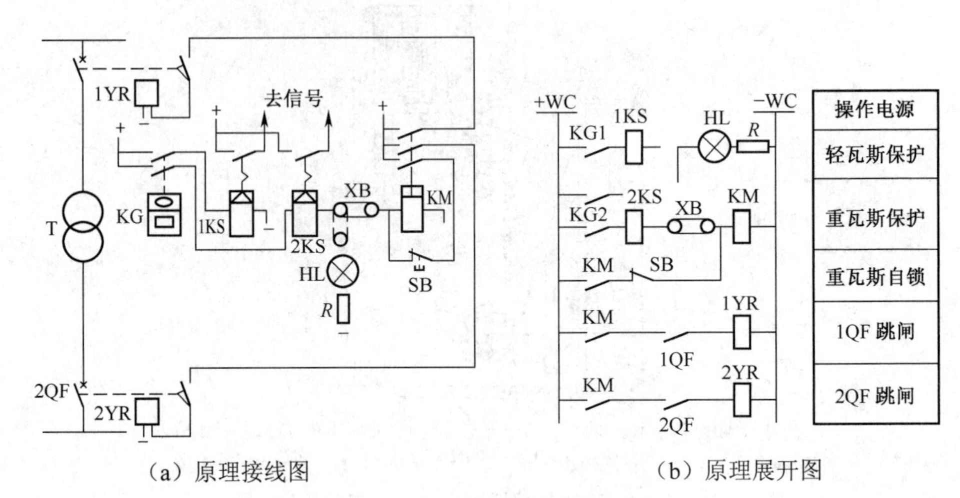

（a）原理接线图　　（b）原理展开图

图 3-10　变压器瓦斯保护原理图

3. 变压器相间短路的后备保护及过负荷保护

为了防止外部短路引起的过电流和作为变压器纵差保护、瓦斯保护的后备，变压器还应装设后备保护。变压器相间短路的后备保护既是变压器主保护的后备保护，又是相邻母电力系统继电保护线或线路的后备保护。根据变压器容量的大小、地位及性能和系统短路电流的大小，变压器相间短路的后备保护可采用过电流保护、低电压启动的过电流保护、复合电压启动的过电流保护或负序电流保护等。

（1）过电流保护。

变压器过电流保护的单相原理接线如图 3-11 所示。其工作原理与线路定时限过电流保护相同。保护动作后，跳开变压器两侧的断路器。保护的启动电流按躲过变压器可能出现的最大负荷电流来整定，即

$$I_{set} = \frac{K_{rel}}{K_{re}} L_{L\cdot max} \tag{3-18}$$

式中　K_{rel}——可靠系数，一般取为 1.2～1.3；

K_{re}——返回系数，取为 0.85～0.95；

$L_{L\cdot max}$——变压器可能出现的最大负荷电流。

变压器的最大负荷电流应按下列情况考虑：

1）对并联运行的变压器，应考虑切除一台最大容量的变压器后，在其他变压器中出现的过负荷。当各台变压器的容量相同时，可按下式计算：

$$L_{L\cdot max} = \frac{n}{n-1} I_N \tag{3-19}$$

式中　n——并联运行变压器的最少台数；

I_N——每台变压器的额定电流。

2）对降压变压器，应考虑负荷中电动机自启动时的最大电流，即

$$L_L = K_{ss} I'_{L\cdot max} \tag{3-20}$$

式中 K_{ss}——综合负荷的自启动系数，其值与负荷性质及用户与电源间的电气距离有关，对110kV 降压变电站的 6kV～10kV 侧，取 1.5～2.5；35kV 侧，取 1.5～2.0。

$I'_{L\cdot max}$——正常工作时的最大负荷电流（一般为变压器的额定电流）。

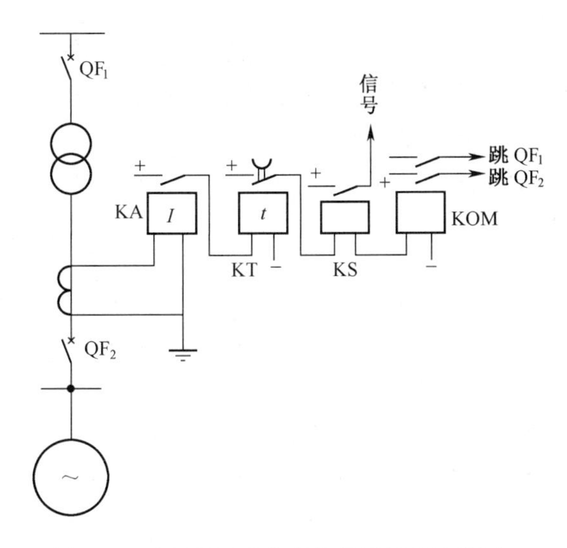

图 3-11 变压器过电流保护单相原理接线图

保护的动作时限及灵敏系数校验与第 2 章所讲定时限过电流保护相同，这里不再赘述。

按以上条件选择的启动电流，其值一般较大，往往不能满足作为相邻元件后备保护的要求，为此需要采用以下几种提高灵敏性的方法。

（2）低电压启动的过电流保护。

低电压启动的过电流保护原理接线如图 3-12 所示。保护的启动元件包括电流继电器和低电压继电器。

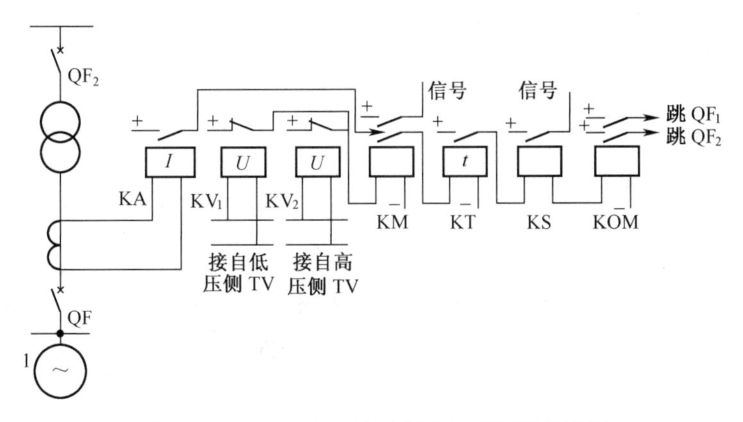

图 3-12 低电压启动的过电流保护原理接线图

电流继电器的动作电流按躲过变压器的额定电流整定，即

$$L_{set} = \frac{K_{rel}}{K_{re}} I_{N\cdot T} \tag{3-21}$$

因而其动作电流比过电流保护的启动电流小，从而提高了保护的灵敏性。

低电压继电器的动作电压U_{set}可按躲过正常运行时最低工作电压整定。一般取$U_{op}=0.7U_{N\cdot T}$（$U_{N\cdot T}$为变压器的额定电压）。

电流元件的灵敏系数按第2章给出的公式校验，电压元件的灵敏系数按下式校验：

$$K_{sen}=\frac{U_{set}}{U_{k\cdot max}} \tag{3-22}$$

式中　$U_{k\cdot max}$——最大运行方式下，灵敏系数校验点短路时，保护安装处的最大电压。

对升压变压器，如低电压继电器只接在一侧电压互感器上，则当另一侧短路时，灵敏度往往不能满足要求。为此，可采用两套低电压继电器分别接在变压器高、低压侧的电压互感器上，并将其触点并联，以提高灵敏度，如图3-12所示。

为防止电压互感器二次回路断线后保护误动作，设置了中间继电器KM。当电压互感器二次回路断线时，低电压继电器动作，启动中间继电器，发出电压回路断线信号。

由于这种接线比较复杂，所以近年来多采用复合电压启动的过电流保护和负序电流保护。

（3）复合电压启动的过电流保护。

若低电压启动的过电流保护的低电压继电器灵敏系数不满足要求，可采用复合电压启电力系统继电保护动的过电流保护。其原理接线如图3-13所示。

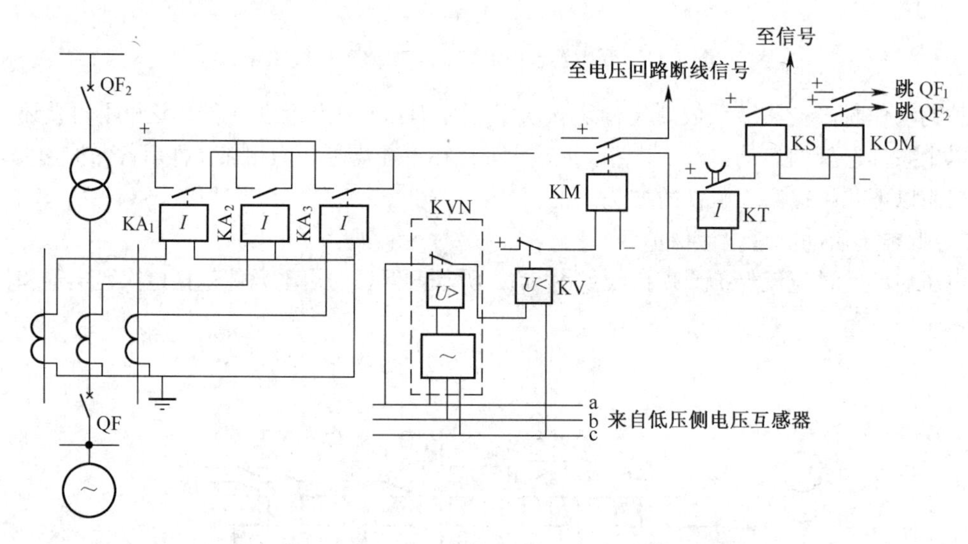

图3-13　复合电压启动的过电流保护原理接线图

保护由三部分组成：

1）电流元件。由接于相电流的继电器 KA_1～KA_3 组成。

2）电压元件。由反映不对称短路的负序电压继电器KVN（内附有负序电压过滤器）和反映对称短路接于相间电压的低电压继电器 KV 组成。

3）时间元件。由时间继电器KT构成。

装置动作情况如下：当发生不对称短路时，故障相电流继电器动作，同时负序电压继电器动作，其常闭触点断开，致使低电压继电器KV失压，常闭触点闭合，启动闭锁中间继电器KM。相电流继电器通过KM常开触点启动时间继电器KT，经整定延时启动信号和出口继电器，将变压器两侧断路器断开。当发生三相对称短路时，由于短路初始瞬间也会出现短时的负序电压，使KVN动作，

KV 继电器也随之动作，待负序电压消失后，KVN 继电器返回，则 KV 继电器又接于线电压上，由于三相短路时，三相电压均降低，故 KV 继电器仍处于动作状态，此时，保护装置的工作情况就相当于一个低电压启动的过电流保护。

保护装置中电流元件和相间电压元件的整定原则与低电压启动过电流保护相同。负序电压继电器的动作电压 $U_{2\cdot set}$ 按躲开正常运行情况下负序电压滤过器输出的最大不平衡电压整定。根据运行经验，取

$$U_{2\cdot set}=(0.06\sim0.12)U_{N\cdot T} \tag{3-23}$$

与低电压启动的过电流保护比较，复合电压启动的过电流保护具有以下优点：

1）由于负序电压继电器的整定值较小，因此，对于不对称短路，电压元件的灵敏系数较高。

2）由于保护反映负序电压，因此，对于变压器后面发生的不对称短路，电压元件的工作情况与变压器采用的接线方式无关。

3）在三相短路时，如果由于瞬间出现负序电压，使继电器 KVN 和 KV 动作，则在负序电压消失后，KV 继电器又接于线电压上，这时，只要 KV 继电器不返回，就可以保证保护装置继续处于动作状态。由于低电压继电器返回系数大于 1，因此，实际上相当于灵敏系数提高了 1.15～1.2 倍。

由于具有上述优点且接线比较简单，因此，复合电压启动的过电流保护已代替了低电压启动的过电流保护，从而得到了广泛应用。

对于大容量的变压器和发电机组，由于额定电流很大，而在相邻元件末端两相短路时的短路电流可能较小，因此，采用复合电压启动的过电流保护往往不能满足灵敏系数的要求。在这种情况下，应采用负序过电流保护，以提高不对称短路时的灵敏性。

（4）负序过电流保护。

变压器负序过电流保护的原理接线图，如图 3-14 所示。保护装置由电流继电器 2KA 和负序电流滤过器 I_2 等组成，反映不对称短路，由电流继电器 1KA 和电压继电器 KV 组成单相低电压启动的过电流保护，反映三相对称短路。

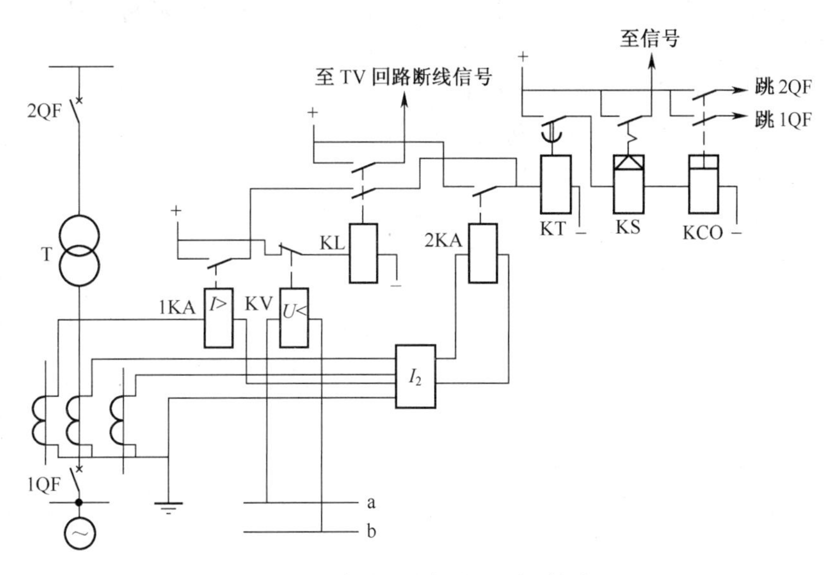

图 3-14　负序过电流保护的原理接线图

负序电流保护的动作电流按以下条件选择：

1）躲开变压器正常运行时负序电流滤过器出口的最大不平衡电流，其值一般为（0.1～0.2）I_N，通常这不是整定保护装置的决定条件。

2）躲开线路一相断线时引起的负序电流。

3）与相邻元件上的负序电流保护在灵敏度上配合。

由于负序电流保护的整定计算比较复杂，实用上允许根据下列原则进行简化计算：

1）当相邻元件后备保护对其末端短路具有足够的灵敏度时，变压器负序电流保护可以不与这些元件后备保护在灵敏度上相配合。

2）进行灵敏度配合计算时，允许只考虑主要运行方式。

3）在大接地电流系统中，允许只按常见的接地故障进行灵敏度配合，例如只与相邻电力系统继电保护线路零序电流保护相配合。

为简化计算，可暂取

$$I_{set\cdot 2} = (0.5 \sim 0.6)I_N \tag{3-24}$$

然后直接校验保护的灵敏度

$$K_{sen} = \frac{I_{k\cdot max\cdot 2}}{I_{set\cdot 2}} \geqslant 1.2 \tag{3-25}$$

式中　$I_{k\cdot max\cdot 2}$——在负序电流最小的运行方式下，远后备保护范围末端不对称短路时，流过保护的最小负序电流。

（5）过负荷保护。

变压器的过负荷电流在大多数情况下都是三相对称的，因此只需装设单相过负荷保护。变压器的过负荷保护反映变压器对称过负荷引起的过电流。保护只用一个电流继电器，接于任一相电流中，经延时动作于信号。

过负荷保护的安装侧，应根据保护能反映变压器各侧绕组可能过负荷情况来选择，具体如下：

1）对双绕组升压变压器，装于发电机电压侧。

2）对一侧无电源的三绕组升压变压器，装于发电机电压侧和无电源侧。

3）对三侧有电源的三绕组升压变压器，三侧均应装设。

4）对于双绕组降压变压器，装于高压侧。

5）仅一侧电源的三绕组降压变压器，若三侧绕组的容量相等，只装于电源侧；若三侧绕组的容量不等，则装于电源侧及绕组容量较小侧。

6）对两侧有电源的三绕组降压变压器，三侧均应装设。

装于各侧的过负荷保护，均经过同一时间继电器作用于信号。过负荷保护的动作电流，应按躲开变压器的额定电流整定，即

$$I_{set} = \frac{K_{rel}}{K_{re}} I_N \tag{3-26}$$

式中　K_{rel}——可靠系数，取 1.05；

　　　K_{re}——返回系数，取 0.85。

为了防止过负荷保护在外部短路时误动作，其时限应比变压器的后备保护动作时限大一个 Δt 。

4. 变压器接地短路的后备保护

电力系统中，接地故障是最常见的故障形式。接于中性点直接接地系统的变压器，一般要求在

变压器上装设接地保护作为变压器主保护和相邻元件接地保护的后备保护。发生接地故障时，变压器中性点将出现零序电流，母线将出现零序电压，变压器的接地后备保护通常都是由反映这些电气量构成的。

大接地电流系统发生单相或两相接地短路时，零序电流的分布和大小与系统中变压器中性点接地的数目和位置有关。通常，对只有一台变压器的升压变电所，变压器都采用中性点直接接地的运行方式。对有若干台变压器并联运行的变电所，则采用一部分变压器中性点接地运行的方式，以保证在各种运行方式下，变压器中性点接地的数目和位置尽量维持不变，从而保证零序保护有稳定的保护范围和足够的灵敏度。

110kV 以上变压器中性点是否接地运行，还与变压器中性点绝缘水平有关。对于 220kV 及以上的大型电力变压器，高压绕组一般都采用分级绝缘，其中性点绝缘有两种类型：一种是绝缘水平很低，例如 500kV 系统的中性点绝缘水平为 38kV，这种变压器的中性点必须直接接地运行，不允许将中性点接地回路断开；另一种则绝缘水平较高，例如 220kV 变压器的中性点绝缘水平为 110kV，其中性点可直接接地，也可在系统中不失去接地点的情况下不接地运行。当系统发生单相接地短路时，不接地运行的变压器，应能够承受加到中性点与地之间的电压。因此，采用这种变压器可以安排一部分变压器接地运行，另一部分变压器不接地运行，从而可把电力系统中接地故障的短路容量和零序电流水平限制在合理的范围内，同时也是为了接地保护本身的需要。故变压器零序保护的方式就与变压器中性点的绝缘水平和接地方式有关，应分别予以考虑。

（1）中性点直接接地变压器的零序电流保护。

这种变压器接地短路的后备保护毫无例外地采用零序电流保护。为了缩小接地故障的影响范围及提高后备保护动作的快速性和可靠性，一般配置两段式零序电流保护，每段还各带两级延时，如图 3-15 所示。

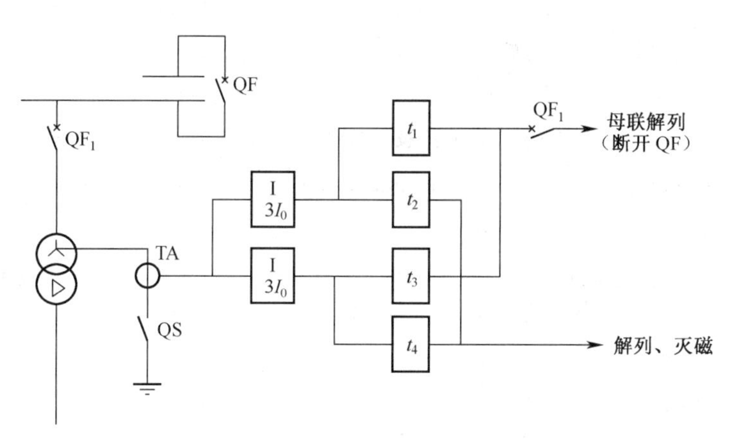

图 3-15　中性点直接接地运行变压器零序电流保护原理接线图

零序电流保护Ⅰ段作为变压器及母线的接地故障后备保护，其动作电流和延时 t_1 应与相邻元件单相接地保护Ⅰ段相配合，通常以较短延时 $t_1=(0.5\sim1.0)$s 动作于母线解列，即断开母线联络断路器或分段断路器，以缩小故障影响范围；以较长的延时 $t_2=t_1+\Delta t$ 有选择地跳开变压器高压侧断路器。由于母线专用保护有时退出运行，而母线及附近发生短路故障时对电力系统影响又比较严重，所以设置零序电流保护Ⅰ段，用以尽快切除母线及其附近电力系统继电保护的故障。

零序电流保护Ⅱ段作为引出线接地故障的后备保护，其动作电流和延时 t_3 应与相邻元件接地后备段相配合。通常 t_3 应比相邻元件零序保护后备段最大延时一个 Δt，以断开母线联络断路器或分段断路器，$t_4 = t_3 + \Delta t$ 动作于断开变压器高压侧断路器。

为防止变压器与系统并列之前，在变压器高压侧发生单相接地而误将母线联络断路器断开，所以在零序电流保护动作于母线解列的出口回路中串入变压器高压侧断路器辅助常开触点 QF_1。当断路器 QF_1 断开时，QF_1 的辅助常开触点将保护闭锁。

（2）中性点可能接地或不接地运行时变压器的零序电流电压保护。

中性点直接接地系统发生接地短路时，零序电流的大小和分布与变压器中性点接地数目和位置有关。为了使零序保护有稳定的保护范围和足够灵敏度，在发电厂和变电所中，将部分变压器中性点接地运行。因此，这些变压器的中性点，有时接地运行，有时不接地运行。

1）全绝缘变压器。

由于变压器绕组各处的绝缘水平相同，因此，在系统发生接地故障时，允许后断开中性点不接地运行的变压器。图 3-16 示出全绝缘变压器零序保护原理接线图。图中除装设与图 3-15 相同的零序电流保护外，还应装设零序电压保护作为变压器不接地运行时的保护。

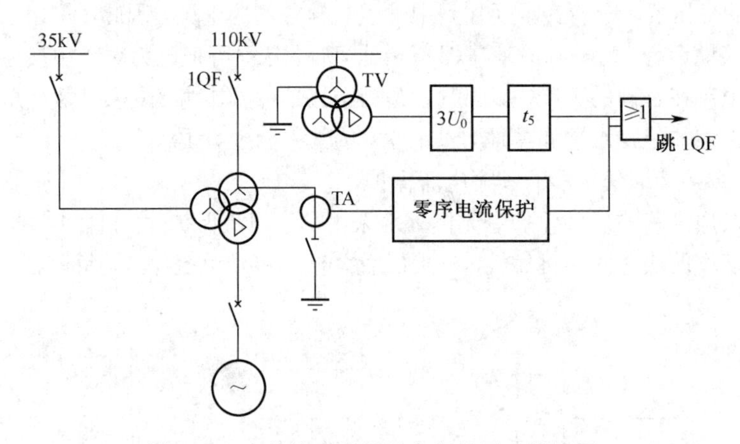

图 3-16　全绝缘变压器零序保护原理接线图

零序电压元件的动作电压应按躲过在部分接地的电网中发生接地短路时保护安装处可能出现的最大零序电压整定，一般取 $U_{\text{set}\cdot\text{o}} = 180\text{V}$。

由于零序电压保护仅在系统中发生接地短路，且中性点接地的变压器已全部断开后才动作，因此，保护的动作时限 t_5 不需与其他保护的动作时限相配合，为避开电网单相接地短路时暂态过程影响，一般取 $t_5 = (0.3 \sim 0.5)\text{s}$。

2）分级绝缘变压器。

220kV 及以上电压等级的变压器，为了降低造价，高压绕组采用分级绝缘，中性点绝缘水平较低，在单相接地故障时且失去中性点接地时，其绝缘将受到破坏。为此，可在变压器中性点装设放电间隙。当间隙上的电压超过动作电压时迅速放电，使中性点对地短路，从而保护变压器中性点的绝缘。因放电间隙不能长时间通过电流，故在放电间隙上装设零序电流元件，在检测到间隙放电后迅速切除变压器。另外，放电间隙是一种比较粗糙的设施，气象条件、调整的精细程度以及连续放电的次数都可能会出现该动作而不动作的情况，因此，对于这种接地方式，仍应装设专门的零序电流电压保护，其任务是及时切除变压器，防止间隙长时间放电，并作为放电间隙拒动的后备。

3.1.3 任务分析与实施

3.1.3.1 任务分析

（1）主变压器台数的选择原则；

（2）电力变压器的额定容量；

（3）主变压器容量的选择。

教学重点及难点：电力变压器台数、容量的选择。

3.1.3.2 任务实施

1. 实施地点

生产性实训基地。

2. 器材需求

（1）多媒体设备；

（2）变压器。

3. 实施内容与步骤

（1）主变压器台数的选择原则。工厂变电所的主变压器数应根据下列原则选择：

1）满足用电负荷对供电可靠性的要求。

对供有大量一、二级负荷的变电所应采用两台变压器，对只有二级负荷的变电所，也可只采用一台变压器，并在低压侧架设与其他变电所的联络线。

2）对季节性负荷或昼夜负荷变动较大的变电所，可考虑采用两台主变压器。

3）一般的三级负荷只采用一台主变压器。

4）考虑负荷的发展，应留有安装第二台主变压器的空间。

（2）电力变压器的额定容量。

电力变压器的额定容量是指它在规定的环境温度条件下，户外安装时，在规定的使用年限（20年）内所能连续输出的最大视在功率（kV·A）。

电力变压器的使用年限主要取决于变压器绕组绝缘的老化速度，而绝缘的老化速度又取决于绕组最热点的温度。

电力变压器的绕组导体和铁心，一般可以长期经受较高的温升而不致损坏。但绕组长期受热时，其绝缘的弹性和机械强度要逐渐减弱，这就是绝缘的老化现象。绝缘老化严重时，就会变脆、裂纹和脱落。试验表明，在规定的环境温度条件下，如果变压器绕组最热点的温度一直维持 95℃，则变压器可持续安全运行 20 年。但如果变压器绕组温度升高到 120℃时，则变压器只能运行 2 年，如图 3-17 所示。

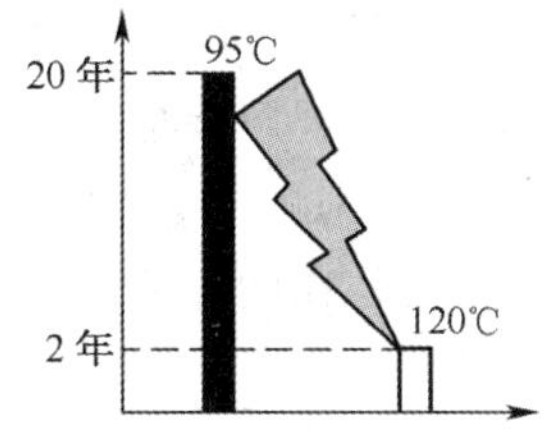

图 3-17 变压器老化图示

（3）主变压器容量的选择。

1）只安装一台主变压器时，主变压器的额定容量 S_{NT} 应满足全部用电设备总的计算负荷的需要，即

$$S_{NT} \geqslant S_{30} \tag{3-1}$$

2）装有两台变压器时，每台主变压器的额定容量S_{NT}应同时满足以下两个条件：

$$S_{NT} \geqslant 0.7S_{30} \tag{3-2}$$

$$S_{NT} \geqslant S_{(I+II)} \tag{3-3}$$

式中　$S_{(I+II)}$——计算负荷中的全部一、二级负荷。

3）单台主变压器的容量上限。工厂变电所单台主变压器容量一般不宜大于1250kV·A。在负荷比较集中且容量较大时，也可选用1600～2500kV·A的配电变压器，这时变压器低压侧的断路器必须配套选用。

单台变压器的车间变电所的主变容量一般不能大于1000kV·A。

对装在楼上的变压器，单台容量不宜大于630kV·A。

对居住小区的变电所，单台油浸式变压器容量不宜大于630kV·A。

任务二　电力变压器的安装与调试

3.2.1　任务要求

（1）了解电力变压器的安装。

（2）了解电力变压器的施工标准。

（3）了解电力变压器的调试。

3.2.2　相关知识

1. 依据标准:

《建筑工程施工质量验收统一标准》GB50300－2001

《建筑电气工程施工质量验收规范》GB50303－2002

2. 范围

本工艺标准适用于一般工业与民用建筑电气安装工程10kV及以下室内变压器安装。

3. 施工准备

（1）设备及材料要求。

1）变压器应装有铭牌。铭牌上应注明制造厂名、额定容量，一二次额定电压、电流、阻抗电压及接线组别等技术数据。

2）变压器的容量、规格及型号必须符合设计要求。附件、备件齐全，并有出厂合格证及技术文件。

3）干式变压器的局放试验PC值及噪音测试器dB（A）值应符合设计及标准要求。

4）带有防护罩的干式变压器，防护罩与变压器的距离应符合标准的规定，不小于表3-3的尺寸。

5）型钢：各种规格型钢应符合设计要求，并无明显锈蚀。

6）螺栓：除地脚螺栓及防震装置螺栓外，均应采用镀锌螺栓，并配相应的平垫圈和弹簧垫。

7）其他材料：蛇皮管、耐油塑料管、电焊条、防锈漆、调和漆及变压器油，均应符合设计要求，并有产品合格证。

（2）主要机具。

1）搬运吊装机具：汽车吊，汽车，卷扬机，吊链，三步搭，道木，钢丝绳，带子绳，滚杠。

2）安装机具：台钻，砂轮，电焊机，气焊工具，电锤，台虎钳，活扳子、鎯头，套丝板。

3）测试器具：钢卷尺，钢板尺，水平，线坠，摇表，万用表，电桥及试验仪器。

（3）作业条件。

1）施工图及技术资料齐全无误。

表 3-3　干式变压器防护类型、容量、规格及质量图表

	外型示意	规格 外形尺寸（mm）	干式变压器容器（kVA）									
			200	250	315	400	500	630	800	1000	1250	1600
网型		长 *l*	1450	1650				1970				2300
		宽 *B*	1120	1180				1300				1430
		高 *H*	1550	1800				2020				2400
		参考质量（kg）	1080	1275	1390	1740	1795	2090	2640	3075	3580	4890
箱型		长 *l*	1400	1470	1600		1820	2200	2280	2280	2120	2181
		宽 *B*	960	820	1100		1100	1240	1341	1240	1400	1420
		高 *H*	1460	1550	1740		1980	1950	2110	2424	2300	2860
		参考质量（kg）	1080	1275	1600		2850	3400	3170	4140	4842	5794
箱型（有机械通风）		长 *l*							2460	2550	2600	2710
		宽 *B*							1930	1970	1992	1980
		高 *H*							2565	2570	2820	2870
		参考质量（kg）							3680	4270	4940	5905

2）土建工程基本施工完毕，标高、尺寸、结构及预埋件焊件强度均符合设计要求。

3）变压器轨道安装完毕，并符合设计要求（注：此项工作应由土建作，安装单位配合）。

4）墙面、屋顶喷浆完毕，屋顶无漏水，门窗及玻璃安装完好。

5）室内地面工程结束，场地清理干净，道路畅道。

6）安装干式变压器室内应无灰尘，相对湿度宜保持在 70%以下。

3.2.3　任务分析与实施

3.2.3.1　任务分析

（1）变压器设备点件检查；

（2）变压器二次搬运；

（3）变压器稳装；

（4）变压器附件安装；

（5）变压器联线；

（6）变压器吊芯检查及交接试验；

（7）变压器送电前的检查；

（8）变压器送电试运行验收。

教学重点及难点：电力变压器的施工工艺。

3.1.3.2 任务实施

1. 实施地点

生产性实训基地。

2. 器材需求

（1）多媒体设备；

（2）变压器。

3. 实施内容与步骤

（1）操作工艺。

1）工艺流程：设备点件检查→变压器二次搬运→变压器稳装→附件安装→变压器吊芯检查及交接试验→送电前的检查→送电运行验收。

2）设备点件检查。

①设备点件检查应由安装单位、供货单位会同建设单位代表共同进行，并作好记录。

②按照设备清单、施工图纸及设备技术文件核对变压器本体及附件备件的规格型号是否符合设计图纸要求。是否齐全，有无丢失及损坏。

③变压器本体外观检查无损伤及变形，油漆完好无损伤。

④油箱封闭是否良好，有无漏油、渗油现象，油标处油面是否正常，发现问题应立即处理。

⑤绝缘瓷件及环氧树脂铸件有无损伤、缺陷及裂纹。

3）变压器二次搬运。

①变压器二次搬运应由起重工作业，电工配合。最好采用汽车吊装，也可采用吊链吊装，距离较长最好用汽车运输，运输时必须用钢丝绳固定牢固，并应行车平稳，尽量减少移动；距离较短且道路良好时，可用卷扬机、滚杠运输。变压器重量及吊装点高度可参照表 3-4 及表 3-5。

表 3-4 垄脂浇铸干式变压器重量

序号	容量（kVA）	重量（t）	序号	容量（kVA）	重量（t）
1	100～200	0.71～0.92	4	1250～1600	3.39～4.22
2	250～500	1.16～1.90	5	2000～2500	5.14～6.30
3	630～1000	2.08～2.73			

②变压器吊装时，索具必须检查合格，钢丝绳必须挂在油箱的吊钩上，上盘的吊环仅作吊芯用，不得用此吊环吊装整台变压器，如图 3-18 所示。

③变压器搬运时，应注意保护瓷瓶，最好用木箱或纸箱将高低压瓷瓶罩住，使其不受损伤。

④变压器搬运过程中，不应有冲击或严重震动情况，利用机械牵引时，牵引的着力点应在变压器重心以下，以防倾斜，运输斜角不得超过 15°，防止内部结构变形。

表 3-5 油浸式电力变压器重量

序号	容量（kVA）	总量（t）	吊点高（m）
1	100～180	0.6～1.0	3.0～3.2
2	200～420	1.0～1.8	3.2～3.5
3	500～630	2.0～2.8	3.8～4.0
4	750～800	3.0～3.8	5.0
5	1000～1250	3.5～4.6	5.2
6	1600～1800	5.2～6.1	5.2～5.8

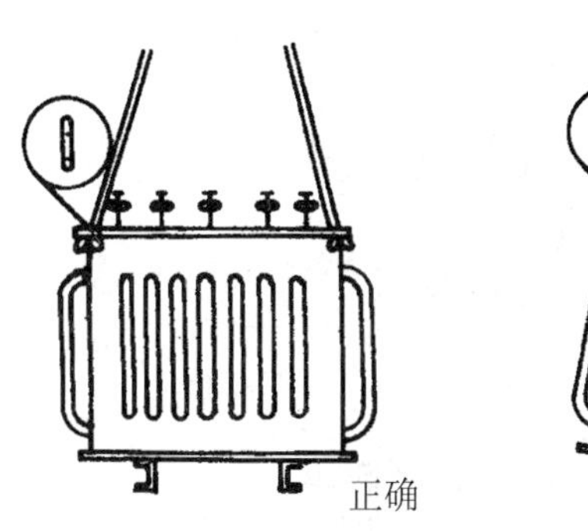

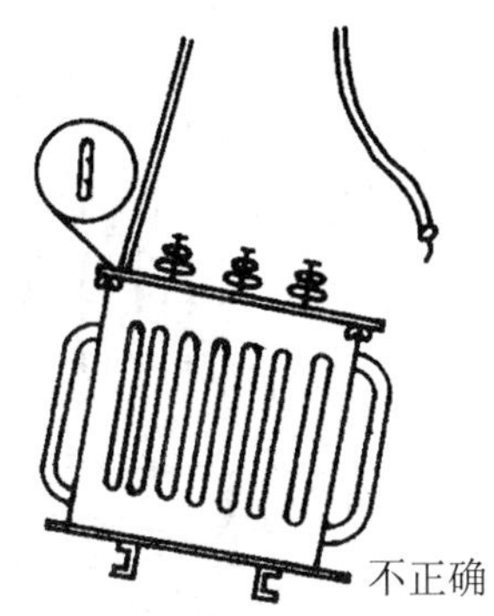

图 3-18 吊环吊装整台变压器

⑤用千斤顶升大型变压器时，应将千斤顶放置在油箱专门部位。

⑥大型变压器在搬运或装卸前，应核对高低压侧方向，以免安装时调换方向发生困难。

4）变压器稳装。

①变压器就位可用汽车吊直接甩进变压器室内，或用道木搭设临时轨道，用三步搭、吊链吊至临时轨道上，然后用吊练拉入室内合适位置。

②变压器就位时，应注意其方位和距墙尺寸应与图纸相符，允许误差为±25mm，图纸无标注时，纵向按轨道定位，横向距离不得小于 800mm，距门不得小于 1000mm，并适当照顾屋内吊环的垂线位于变压器中心，以便于吊芯，干式变压器安装图纸无注明时，安装、维修最小环境距离应符合图 3-19 要求。

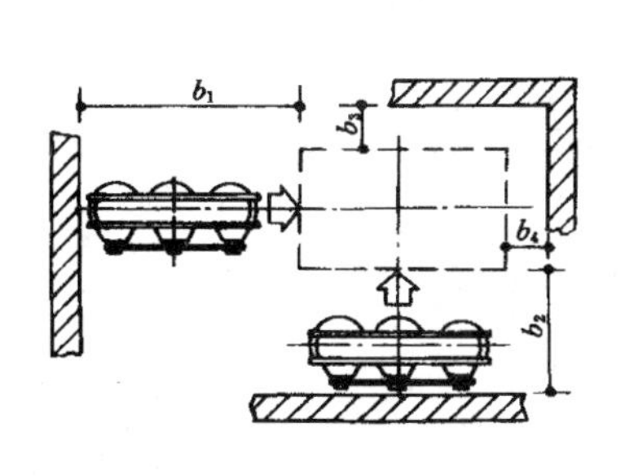

部位	周围条件	最小距离（mm）
b1	有导轨 无导轨	2600 2000
b2	有导轨 无导轨	2200 1200
b3	距墙	1100
b4	距墙	600

图 3-19 干式变压器安装图纸无注明时，安装、维修最小环境距离

③变压器基础的轨道应水平，轨距与轮距应配合，装有气体继电器的变压器，应使其顶盖沿气

体继电器汽流方向有 1%～1.5%的升高坡度（制造厂规定不需安装坡度者除外）。

④变压器宽面推进时，低压侧应向外；窄面推进时，油枕侧一般应向外。在装有开关的情况下，操作方向应留有 1200mm 以上的宽度。

⑤油浸变压器的安装，应考虑能在带电的情况下，便于检查油枕和套管中的油位、上层油温、瓦斯继电器等。

⑥装有滚轮的变压器，滚轮应能转动灵活，在变压器就位后，应将滚轮用能折卸的制动装置加以固定。

⑦变压器的安装应采取抗地震措施（稳装在混凝土地坪上的变压器安装见图 3-20，有混凝土轨梁宽面推进的变压器安装见图 3-21。

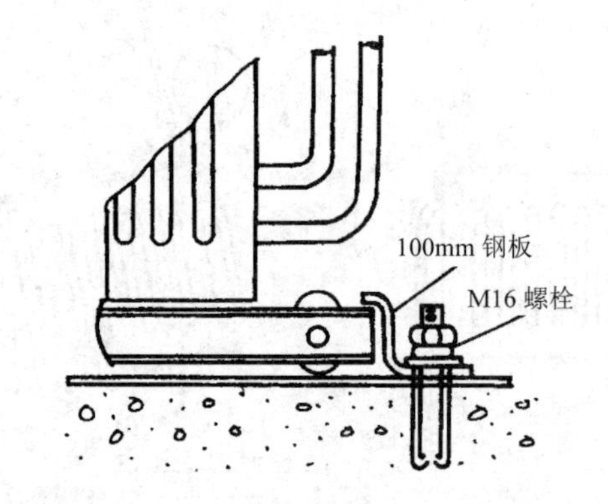

图 3-20　稳装在混凝土地坪上的变压器安装

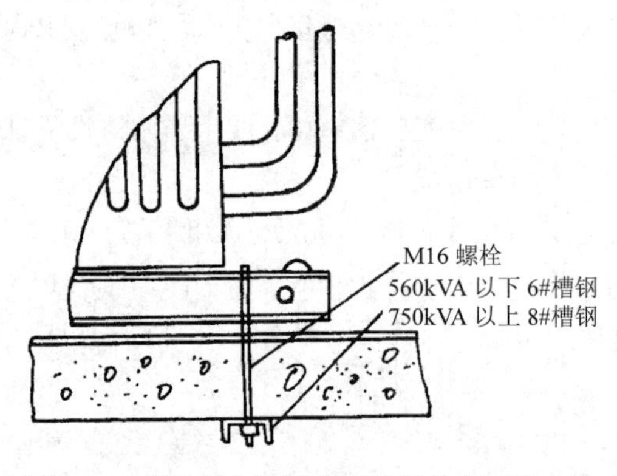

图 3-21　有混凝土轨梁宽面推进的变压器安装

5）附件安装。

①气体继电器安装。

a．气体继电器安装前应经检验鉴定。

b．气体继电器应水平安装，观察窗应装在便于检查的一侧，箭头方向应指向油枕，与连通管的连接应密封良好。截油阀应位于油枕和气体继电器之间。

c．打开放气嘴，放出空气，直到有油溢出时将放气嘴关上，以免有空气使继电保护器误动作。

d．当操作电源为直流时，必须将电源正极接到水银侧的接点上，以免接点断开时产生飞弧。

e．事故喷油管的安装方位，应注意到事故排油时不致危及其他电器设备；喷油管口应换为割划有“十”字线的玻璃，以便发生故障时气流能顺利冲破玻璃。

②防潮呼吸器的安装。

a．防潮呼吸器安装前，应检查硅胶是否失效，如已失效，应在115℃～120℃温度烘烤8小时，使其复原或更新。浅蓝色硅胶变为浅红色，即已失效；白色硅胶，不加鉴定一律烘烤。

b．防潮呼吸器安装时，必须将呼吸器盖子上的橡皮垫去掉，使其通畅，并在下方隔离器具中装适量变压器油，起滤尘作用。

③温度计的安装。

a．套管温度计安装，应直接安装在变压器上盖的预留孔内，并在孔内加以适当变压器油。刻度方向应便于检查。

b．电接点温度计安装前应进行校验，油浸变压器一次元件应安装在变压器顶盖上的温度计套筒内，并加适当变压器油；二次仪表挂在变压器一侧的预留板上。干式变压器一次元件应按厂家说明书位置安装，二次仪表安装在便于观侧的变压器护网栏上。软管不得有压扁或死弯，弯曲半径不得小于50mm，富余部分应盘圈并固定在温度计附近。

c．干式变压器的电阻温度计，一次元件应预埋在变压器内，二次仪表应安装值班室或操作台上，导线应符合仪表要求，并加以适当的附加电阻校验调试后方可使用。

④电压切换装置的安装。

a．变压器电压切换装置各分接点与线圈的连线应紧固正确，且接触紧密良好。转动点应正确停留在各个位置上，并与指示位置一致。

b．电压切换装置的拉杆、分接头的凸轮、小轴销子等应完整无损；转动盘应动作灵活，密封良好。

c．电压切换装置的传动机构（包括有载调压装置）的固定应牢靠，传动机构的摩擦部分应有足够的润滑油。

d. 有载调压切换装置的调换开关的触头及铜辫子软线应完整无损，触头间应有足够的压力（一般为8～10kg）。

e．有载调压切换装置转动到极限位置时，应装有机械联锁与带有限位开关的电气联锁。

f. 有载调压切换装置的控制箱一般应安装在值班室或操作台上，连线应正确无误，并应调整好，手动、自动工作正常，档位指示正确。

d．电压切换装置吊出检查调整时，暴露在空气中的时间应符合表3-6的规定。

表3-6　调压切换装置露空时间

环境温度（℃）	＞0	＞0	＞0	＜0
空气相对湿度（%）	65以下	65～75	75～85	不控制
持续时间不大于（h）	24	16	10	8

⑤变压器连线。

a．变压器的一、二次连线、地线、控制管线均应符合相应各章的规定。

b．变压器一、二次引线的施工，不应使变压器的套管直接承受应力（图3-22)。

c．变压器工作零线与中性点接地线，应分别敷设。工作零线宜用绝缘导线。

d．变压器中性点的接地回路中，靠近变压器处，宜做一个可拆卸的连接点。

e．油浸变压器附件的控制导线，应采用具有耐油性能的绝缘导线。靠近箱壁的导线，应用金属软管保护，并排列整齐，接线盒应密封良好。

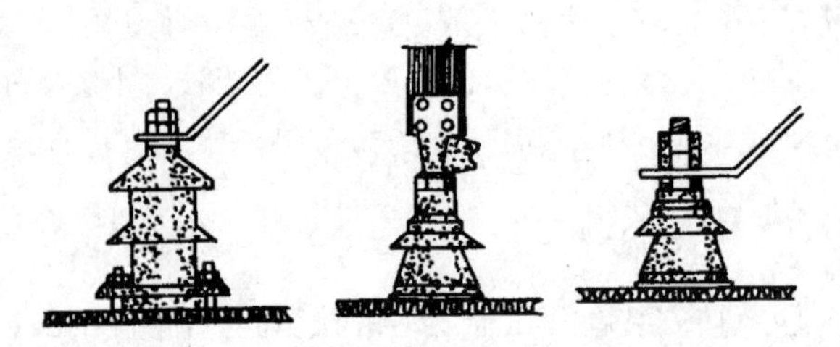

图 3-22　母线与变压器端子连接

6）变压器吊芯检查及交接试验。

①变压器吊芯检查。

a．变压器安装前应作吊芯检查。制造厂有特殊规定者，1000kVA 以下，运输过程中无异常情况者，短途运输，事先参与了厂家的检查并符合规定，运输过程中确认无损伤者，可不做吊芯。

b．吊芯检查应在气温不低于 0℃，芯子温度不低于周围空气温度、空气相对湿度不大于 75%的条件下进行（器身暴露在空气中的时间不得超过 16h）。

c．所有螺栓应紧固，并应有防松措施。铁芯无变形，表面漆层良好，铁芯应接地良好。

e．线圈的绝缘层应完整，表面无变色、脆裂、击穿等缺陷。高低压线圈无移动变位情况。

f．线圈间、线圈与铁芯、铁芯与轭铁间的绝缘层应完整无松动。

g．引出线绝缘良好，包扎紧固无破裂情况，引出线固定应牢固可靠，其固定支架应紧固，引出线与套管连接牢靠，接触良好紧密，引出线接线正确。

h．所有能触及的穿心螺栓应连接坚固。用摇表测量穿心螺栓与铁芯及轭铁以及铁芯与轭铁之间的绝缘电阻，并做 1000V 的耐压试验。

i．油路应畅通，油箱底部清洁无油垢杂物，油箱内壁无锈蚀。

j．芯子检查完毕后，应用合格的变压器油冲洗，并从箱底油堵将油放净。吊芯过程中，芯子与箱壁不应碰撞。

k．吊芯检查后如无异常，应立即将芯子复位并注油至正常油位。吊芯、复位、注油必须在 16h 内完成。

l．吊芯检查完成后，要对油系统密封进行全面检查，不得有漏油渗油现象。

②变压器的交接试验。

a．变压器的交接试验应由当地供电部门许可的试验室进行。试验标准应符合规范要求、当地供电部门规定及产品技术资料的要求。

b．变压器交接试验的内容：测量绕组连同套管的直流电阻；检查所有分接头的变压比；检查变压器的三相结线组别和单相变压器引出线的极性；测量绕组连同套管的绝缘电阻、吸收比或极化指数；测量绕组连同套管的介质损耗角正切值 tgδ；测量绕组连同套管的直流泄漏电流；绕组连同套管的交流耐压试验；绕组连同套管的局部放电试验；测量与铁芯绝缘的各紧固件及铁芯接地线引出套管对外壳的绝缘电阻；绝缘油试验：有载调压切换装置的检查和试验；额定电压下的冲击合闸试验；检查相位；测量噪音。

7）变压器送电前的检查。

①变压器试运行前应做全面检查，确认符合试运行条件时方可投入运行。

②变压器试运行前，必须由质量监督部门检查合格。

③各种交接试验单据齐全，数据符合要求。

④变压器应清理、擦拭干净，顶盖上无遗留杂物，本体及附件无缺损，且不渗油。

⑤变压器一、二次引线相位正确，绝缘良好。

⑥接地线良好。

⑦通风设施安装完毕，工作正常，事故排油设施完好，消防设施齐备。

⑧油浸变压器油系统油门应打开，油门指示正确，油位正常。

⑨油浸变压器的电压切换装置及干式变压器的分接头位置放置正常电压档位。

⑩保护装置整定值符合规定要求；操作及联动试验正常。

⑪干式变压器护栏安装完毕。各种标志牌挂好，门装锁。

8）变压器送电试运行验收。

①送电试运行。

a．变压器第一次投入时，可全压冲击合闸，冲击合闸时一般可由高压侧投入。

b．变压器第一次受电后，持续时间不应少于 10min，无异常情况。

c．变压器应进行 3～5 次全压冲击合闸，并无异常情况，励磁涌流不应引起保护装置误动作。

d．油浸变压器带电后，检查油系统不应有渗油现象。

e．变压器试运行要注意冲击电流、空载电流、一二次电压、温度，并做好详细记录。

f．变压器并列运行前，应核对好相位。

g．变压器空载运行 24h，无异常情况，方可投入负荷运行。

②验收。

a．变压器开始带电起，24h 后无异常情况，应办理验收手续。

b．验收时，应移交下列资料和文件：变更设计证明；产品说明书、试验报告单、合格证及安装图纸等技术文件；安装检查及调整记录。

（2）质量标准。

1）基本规定。

①一般规定。

a．建筑电气工程施工现场的质量管理，除应符合现行国家标准《建筑工程施工质量验收统一标准》GB50300－2001 的 3.0.1 规定外，尚应符合下列规定：安装电工、焊工、起重吊装工和电气调试人员等，按有关要求持证上岗；安装和调试用各类计量器具，应检定合格，使用时在有效期内。

b．电气设备上计量仪表和与电气保护有关的仪表应检定合格，当投入试运行时，应在有效期内。

c．建筑电气动力工程的空载试运行和建筑电气照明工程的负荷试运行，应按本规范规定执行；建筑电气动力工程的负荷试运行，依据电气设备及相关建筑设备的种类、特性，编制试运行方案或作业指导书，并应经施工单位审查批准、监理单位确认后执行。

②主要设备、材料、成品和半成品进场验收。

a．主要设备、材料、成品和半成品进场检验结论应有记录，确认符合本规范规定，才能在施工中应用。

b．因有异议送有资质试验室进行抽样检测，试验室应出具检测报告，确认符合本规范和相关技术标准规定，才能在施工中应用。

c．依法定程序批准进入市场的新电气设备、器具和材料进场验收，除符合本规范规定外，尚应提供安装、使用、维修和试验要求等技术文件。

d．进口电气设备、器具和材料进场验收，除符合本规范规定外，尚应提供商检证明和中文的质量合格证明文件、规格、型号、性能检测报告以及中文的安装、使用、维修和试验要求等技术文件。

e．经批准的免检产品或认定的名牌产品，当进场验收时，宜不做抽样检测。

f．变压器、箱式变电所、高压电器及电瓷制品应符合下列规定：查验合格证和随带技术文件，变压器有出厂试验记录；外观检查：有铭牌，附件齐全，绝缘件无缺损、裂纹，充油部分不渗漏，充气高压设备气压指示正常，涂层完整。

③工序交接确认。

变压器、箱式变电所安装应按以下程序进行：变压器、箱式变电所的基础验收合格，且对埋入基础的电线导管、电缆导管和变压器进、出线预留孔及相关预埋件进行检查，才能安装变压器、箱式变电所；杆上变压器的支架紧固检查后，才能吊装变压器且就位固定；变压器及接地装置交接试验合格，才能通电。

2）主控项目。

①变压器安装应位置正确，附件齐全，油浸变压器油位正常，无渗油现象。

②接地装置引出的接地干线与变压器的低压侧中性点直接连接；接地干线与耗式变电所的 N 母线和 PE 母线直接连接；变压器箱体、干式变压器的支架或外壳应接地（PE）。所有连接应可靠，紧固件及防松零件齐全。

③变压器必须按 GB50303－2002 第 3.1.8 条的规定交接试验合格。

④箱式变电所及落地式配电箱的基础应高于室外地坪，周围排水通畅。用地脚螺栓固定的螺帽齐全，拧紧牢固；自由安放的应垫平放正。金属箱式变电所及落地式配电箱，箱体应接地（PE）或接零（PEN）可靠，且有标识。

⑤箱式变电所的交接试验，必须符合下列规定：

a．由高压成套开关柜、低压成套开关柜和变压器三个独立单元组合成的箱式变电所高压电气设备部分，按 GB50303－2002 第 3.1.8 的规定交接试验合格。

b．高压开关、熔断器等与变压器组合在同一个密闭油箱内的箱式变电所，交接试验按产品提供的技术文件要求执行。

c．低压成套配电柜交接试验符合 GB50303－2002 第 4.1.5 条的规定。

3）一般项目。

①有载调压开关的传动部分润滑应良好，动作灵活，点动给定位置与开关实际位置一致，自动调节符合产品的技术文件要求。

②绝缘件应无裂纹、缺损和瓷件瓷釉损坏等缺陷，外表清洁，测温仪表指示正确。

③装有滚轮的变压器就位后，应将滚轮用能拆卸的制动部件固定。

④变压器应按产品技术文件要求进行检查器身，当满足下列条件之一时，可才检查器身。

a．制造厂规定不检查器身者。

b．就地生产仅做短途运输的变压器，且在运输过程中有效监督，无紧急制动、剧烈振动、冲撞或严重颠簸等异常情况者。

⑤箱式变电所内外涂层完整、无损伤，有通风口的风口防护网完好。

⑥箱式变电所的高低压柜内部接线完整、低压每个输出回路标记清晰，回路名称准确。

⑦装有气体继电器的变压器顶盖，沿气体继电器的气流方向有 1.0%～1.5%的升高坡度。

（3）成品保护。

1）变压器门应加锁，未经安装单位许可，闲杂人员不得入内。

2）对就位的变压器高低压瓷套管及环氧树脂铸铁，应有防砸及防碰撞措施。

3）变压器器身要保持清洁干净，油漆面有碰撞损伤。干式变压器就位后，要采取保护措施，防止铁件掉入线圈内。

4）在变压器上方作业时，操作人员不得蹬踩变压器，并带工具袋，以防工具材料掉下砸坏、砸伤变压器。

5）变压器发现漏油、渗油时应及时处理，防止油面太低，潮气侵入，降低线圈绝缘程度。

6）对安装完的电气管线及其支架应注意保护，不得碰撞损伤。

7）在变压器上方操作电气焊时，应对变压器进行全方位保护，防止焊渣掉下，损伤设备。

（4）应注意的质量问题。

1）变压器安装应注意的质量问题和防治措施参见表 3-7。

表 3-7　变压器安装应注意的质量问题及防治措施

序号	易产生的质量问题	防治措施
1	铁件焊渣清理不净，除锈不净，刷漆不均匀，有漏刷现象	加强工作责任心，作好工序搭接的自检互检
2	防地震装置安装不牢	加强对防地震的认识，按照工艺标准进行施工
3	管线排列不整齐不美观	提高质量意识，管线按规范要求进行敷设，做到横平竖直
4	变压器一、二次瓷套管损坏	瓷套管在变压器搬运到安装完毕应加强保护
5	变压器中性点，零线及中性点接地线，不分开敷设	认真学习北京地区安装标准，参照电气施工图册
6	变压器一、二次引线，螺栓不紧，压按不牢。母带与变压器连接间隙不符合规范要求	提高质量意识，加强自互检，母带与变压器连接时应锉平
7	变压器附件安装后，有渗油现象	附件安装时，应垫好密封圈，螺栓应拧紧

2）质量记录。

①产品合格证。

②产品出厂技术文件。

a．产品出厂试验报告单。

b．产品安装使用说明书。

③设备材料进货检查记录。

④器身检查记录。

⑤交接试验报告单。

⑥安装自互检记录。

⑦设计变更洽商记录。

⑧试运行记录。

⑨钢材材质证明。

⑩预检记录。

⑪分项工程质量评定记录。

3）安全标准。

①剔槽、打洞时，必须戴防护眼镜，锤子柄不得松动。錾子不得卷边、裂纹。打过墙楼板透眼时，墙体后面、楼板下面不得有人靠近。

②在脚手架上作业，脚手板必须满铺，不得有空隙和探头板，使用的料具应放入工具袋随身携带，不得投掷。

③现场变配电高压设备，不论带电与否，单人值班严禁跨越遮栏和从事修理工作。

④高压带电区域内部分停电工作时，人体与带电部分必须保持安全距离，并应有人监护。

⑤在变配电室内，外高压部分及线路工作时，应按顺序进行。停电、验电悬挂地线操作手柄应上锁或挂标示牌。

⑥验电时必须戴绝缘手套，按电压等级使用验电器。在设备两侧各相或线路各相分别验电。验明设备或线路确实无电后，即将检修设备或线路做短路接地。

项目四

配电线路的运行与维护

1. 掌握架空线路的敷设及维护。
2. 掌握电力电缆线路的敷设及维护。
3. 掌握电力电缆线路的安装。

任务一　架空线路的选择

4.1.1　任务要求

（1）认识架空线路。
（2）了解架空线的结构。
（3）了解架空线的连接。
（4）了解架空线路的适用范围。

4.1.2　相关知识

1. 架空线路的认识

（1）线路的特点。

1）低压架空线路低压架空线路通常都采用多股绞合的裸导线来架设，导线的散热条件很好，所以导线的载流量要比同截面的绝缘导线高出30%～40%，从而降低了线路成本。架空线路还具有结构简单、安装和维修方便等特点，但低压架空线路应用在城市中有碍城市的整洁和美观，应用在农村田间，电杆须占用农田。同时，架空线路易受如洪水、大风和大雪等自然灾害的影响，这对架空线路的安全运行十分不利。另外，线路维护管理不善，也易发生人畜触电事故。

2）低压供配电线路我国规定采用三相四线制，电压等级规定为380V/220V。

3）低压架空线路在一般城镇用于低压电网中作为低压供配电线路。它的范围自配电变压器二次侧至每个用户的接户点。

（2）线路的结构形式。

1）低压架空线路常用的结构形式有图 4-1 所示的几种。各种结构形式的应用范围见表 4-1。

表 4-1　低压架空线路各种结构形式的应用范围

结构类型	应用范围
三相四线线路	（1）城镇中负载密度不大的区域的低压配电 （2）工矿企业内部的低压配电 （3）农村及田间的低压配电
单相两线线路	（1）城镇、农村居民区的低压配电 （2）工矿企业内部生活区的低压配电
高低压同杆架空线路	（1）城镇中负载密度较大的区域的低压配电 （2）用电量较大，没有高压用电设备或分设车间变电室的工矿企业的高低压配电
电力、通信同杆架空线路	小城镇、农村或田间的低压配电
与路灯线同杆架空线路	（1）沿街道的配电线路 （2）工矿企业内部的架空线路

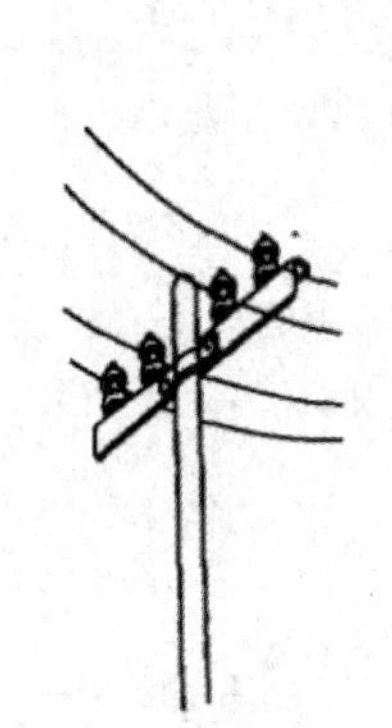

（a）三相四线线路

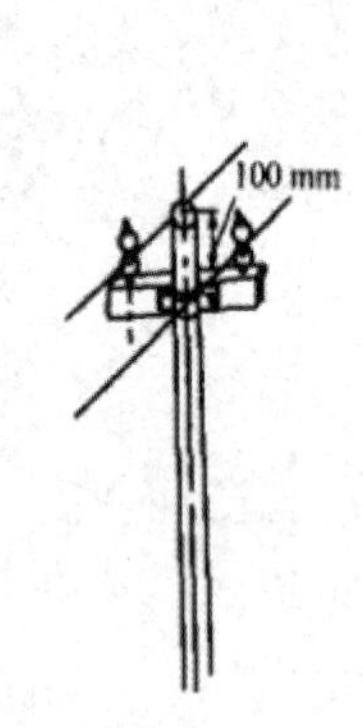

（b）单相两线线路

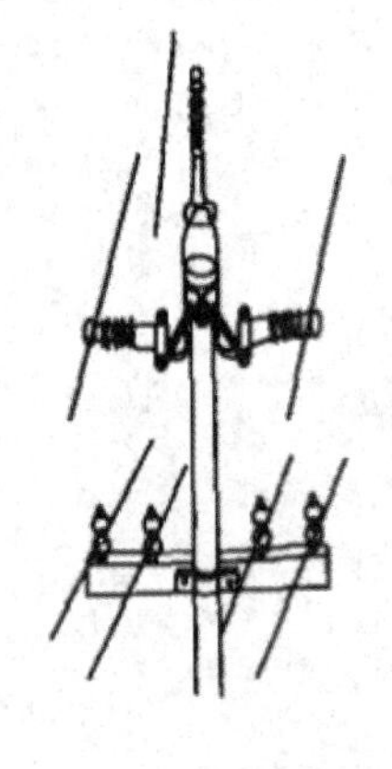

（c）高低压同杆架空线路

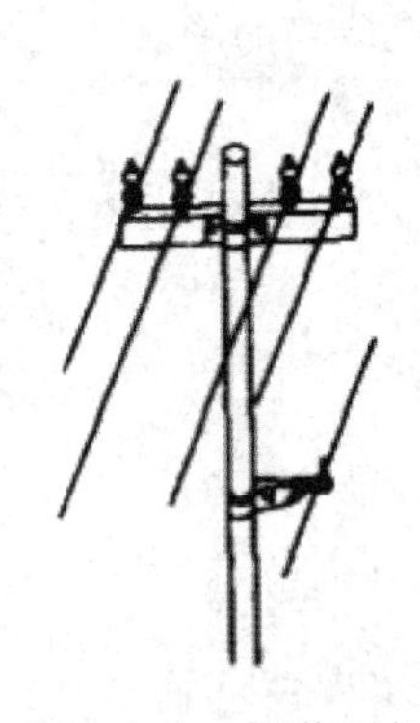

（d）电力、通信同杆架空线路

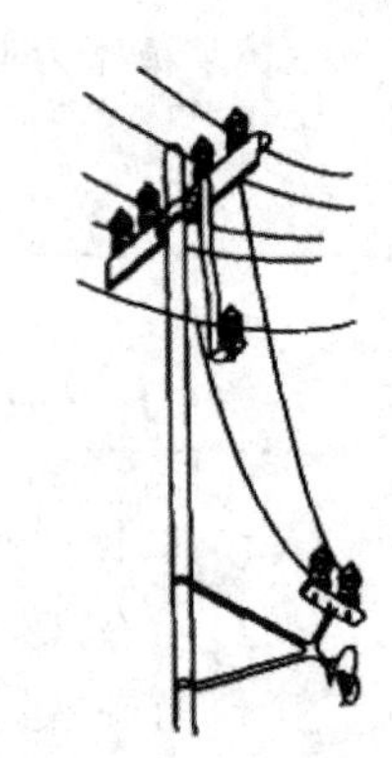

（e）与路灯线同杆架空线路

图 4-1　低压架空线路各种结构形式

2）低压架空线路常用杆型如图 4-2 所示。各种杆型的应用范围见表 4-2。

表 4-2　各种杆型的应用范围和作用

杆型	应用范围和作用
直线杆	（1）电杆两侧受力基本相等且受力方向对称 （2）作为线路直线部分的支持点
耐张杆 （直线耐张杆）	（1）电杆砖侧受力基本相等且受力方向对称 （2）作为线路分段的支持点 （3）具有加强线路机械强度的作用
转角杆	（1）电杆两侧受力基本相等或不相等，受力方向不对称 （2）作为线路转折的支持点

续表

杆型	应用范围和作用
分支杆	(1) 电杆三向或四向受力 (2) 作为线路分支出不同方向支线路
跨越杆	(1) 电杆两侧受力不相等，但受力方向对称 (2) 作为线路跨越较大河面、山谷或重大地面设施的支持点 (3) 具有加强导线支持强度的作用
终端杆	(1) 电杆单向受力 (2) 作为线路起始或终末端的支持点

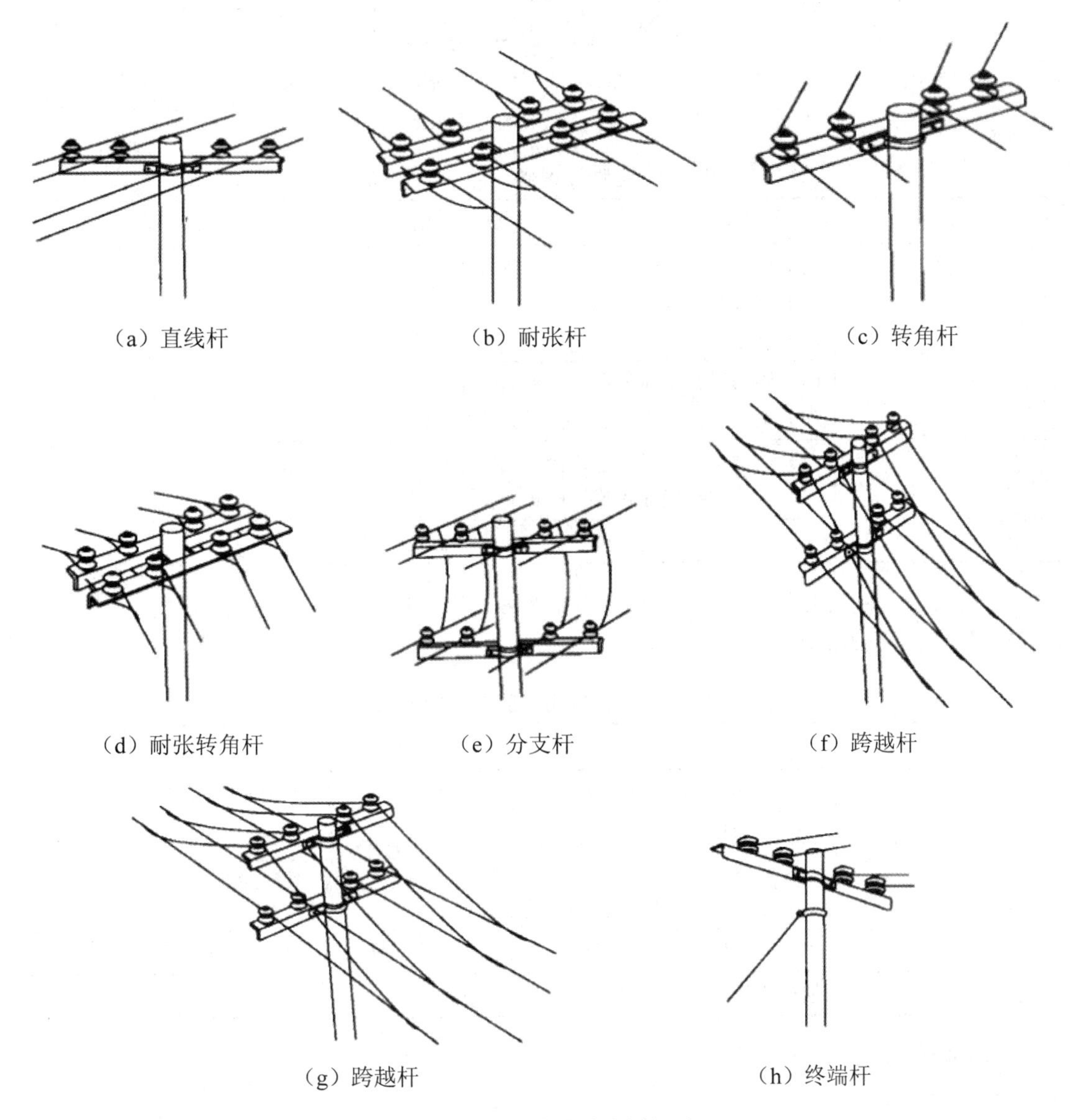

(a) 直线杆　(b) 耐张杆　(c) 转角杆

(d) 耐张转角杆　(e) 分支杆　(f) 跨越杆

(g) 跨越杆　(h) 终端杆

图 4-2　低压架空线路常用杆型

3) 拉线又叫做扳线，是用来平衡电杆，不使电杆因导线的拉力或风力等的影响而倾斜。凡受导线拉力不平衡的电杆或要承受较大风力的电杆，或杆上装有电气设备，均要安装拉线，使电杆平衡，立直、立稳。拉线的结构形式如图 4-3 所示；不同结构形式的拉线的适用范围见表 4-3。

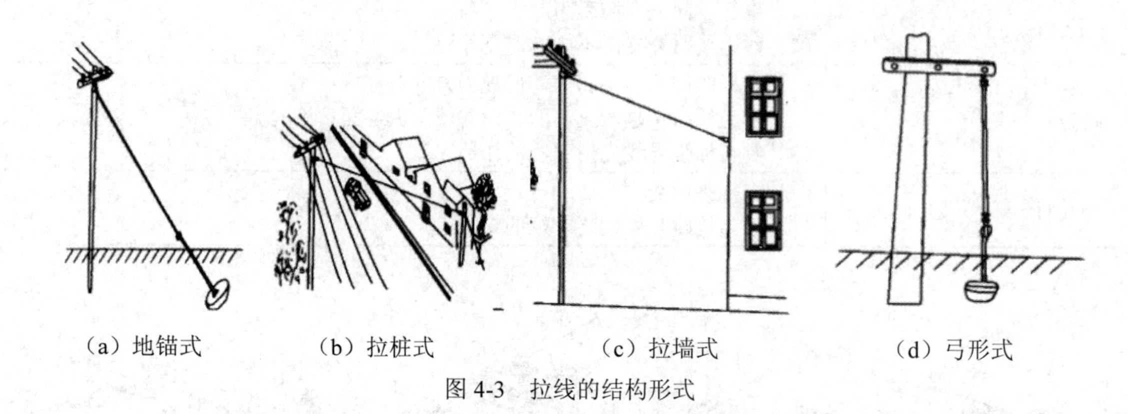

（a）地锚式　（b）拉桩式　（c）拉墙式　（d）弓形式

图 4-3　拉线的结构形式

表 4-3　各种拉线结构形式的适用范围

形式	适用范围
地锚式	（1）城镇中与道路平行的安装位置 （2）野外平原或山岛地区 （3）城镇中广阔场所
拉桩式	（1）横跨道路、河道和低矮地面设施的安装位置 （2）采用地锚式不能满足拉线夹角的安装位置
拉墙式	（1）城镇中具有坚固建筑物的安装位置 （2）无法安装地锚式或拉桩式的安装位置
弓形式	无法安装地锚式、拉桩式和拉墙式的安装位置

4）拉线的每种应用类型均由一组或多组结构形式相同的拉线组成，每一组拉线简称为一线。不同应用类型拉线的适用范围见表 4-4。

表 4-4　不同应用类型拉线的适用范围

类型	适用范围
一线型	轻型终端杆、拉杆须拉和丁字型线路分支的分支杆；人字形布置时适用终端杆分支杆和跨越杆等
两线型	一字型布置时适用于耐张杆、荷重杆和 X 字形线路分支和分支杆等
三线型	重型终端杆、重型分支杆和重型拉桩的续拉等
四线十字形	重型荷重杆、重型跨越杆、重型耐张杆和须特殊加固杆基的杆型等
四线多层形	加长跨越型

（3）低压架空线路的组成。

1）导线。

户外架空线路一般都采用多股裸导线，在工矿企业内部及容易受到金属器件勾碰的场所，为了避免发生短路和触电事故，应采用绝缘导线。

导线截面的选用为了节约用铜，现已普遍采用裸铝绞线或钢芯铝绞线。

①导线规格可根据线路计算负荷电流按安全载流量选用。

②选择导线截面必须满足架空导线最小截面规定：架空导线裸铜绞线最小截面为 6mm^2，裸铝绞线最小截面为 16mm^2。如果采用单股裸铜线，其最大截面积不应超过 16mm^2。裸铝导线不允许采用单股导线，也不允许把多股裸铝绞线拆成小股使用。

③每一路架空线的总长度应根据线路容量、用户用电情况和导线截面等因素来决定，必须保证线路末端的电压维持在额定值范围之内。

④导线在杆上的间距应按表 4-5 所列数据布设。

表 4-5　导线在杆上的间距

装置方式	条件	线间最小距离
导线的水平排列	挡距 40m 及以下	300
	挡距 40m 以上至 60m	400
	接近电杆的相邻导线	600
线路多参层排列	层线间的垂直距离	600
合杆架设	导线与上层的 6～10kV 高压线垂直距离	1200
	导线与下层的通信、广播线垂直距离	1500

⑤导线的对地距离。低压架空线路上的导线，在最大弛度或最大风力时，对地面、水面、邻近建筑物和交叉跨越线之间的最小距离应满足表 4-6 所示数值的要求。

表 4-6　架空导线对地面及跨越物的最小允许距离

电压	线路经过地区或跨越项目	最小距离/m
10kV 以下	居民区	6
	非居民区	5
	交通困难地区	4
	步行可以到达的山坡	3
	铁路	7.5
	公路	6
	河流	1
	管道	1.5
	索道	1.5
	房屋	2.5
35kV 以上	居民区	7
	非居民区	6
	交通困难地区	5
	步行可以到达的山坡	5

续表

电压	线路经过地区或跨越项目	最小距离/m
35kV 以上	铁路	7.5
	公路	7
	河流	2
	管道	4
	索道	3
	房屋	4

⑥导线的“三同”要求。在同一路所架设的同一段线路内，所采用的导线必须“三同”，即材料相同、型号相同和规格相同。但在三相四线制线路上的中性线，截面积允许比相线小 50%，而材料和型号，则应与相线相同。若采用绝缘导线，则绝缘色泽也应相同。

2）电杆。

电杆分有混凝土杆和木杆两种，现已普遍推广采用混凝土杆，因为它具有不会腐蚀、机械强度高和价格较低等优点，同时也可节约木材和减少线路维修工作量。

①电杆的埋深要求见表 4-7。

表 4-7　电杆的埋深要求

电杆	杆长/m									
	4	5	6	7	8	9	10	11	12	13
木杆	1.0	1.0	1.1	1.2	1.4	1.5	1.7	1.8	1.9	2.0
水泥杆	—	—	—	1.4	1.5	1.6	1.7	1.8	1.9	2.0

②电杆的挡距要求。两根电杆之间的距离称为挡距。在整个线路中，除特殊跨越，分支及转角等情况外，直线部分的挡距应基本上保持一致。挡距应根据所用导线规格和具体环境条件等因素来选定，常用挡距和适用范围见表 4-8。

表 4-8　低压架空线路常用挡距和适用范围

挡距/m	25	30	40	50	60
导线水平间距/mm	300			400	
适用范围	（1）城镇闹区街道配电线路 （2）城镇、农村居民点配电 （3）工矿企业内部配电线路 （4）田间配电线路		（1）城镇非闹区配电线路 （2）城镇工厂区配电线路 （3）农村、城镇居民外围配电线路	（1）城镇工厂区配电线路 （2）城镇、农村居民点外围配电线路	

③电杆的质量和规格要求。

木杆应有足够的机械强度，为了防止木质腐烂，木杆顶端应劈堑成口状尖端，并应涂刷沥青防腐，长杆埋入地面前，应在地面以上 300mm 和地下 500mm 的一段，采用烧根或涂沥青等方法进行防腐处理。

混凝土杆应具有足够的机械强度，不可有弯曲、裂缝、露筋和松酥等现象。混凝土杆的规格见表 4-9，电杆长度选用应以满足表 4-7 所列的规定为原则，即杆长配合挡距应满足导线对地和对跨越物之间的距离要求。在同一条线路中，杆长不一定完全相等；但是，线路在没有特殊需要时，杆长应保持一致。

表 4-9　混凝土圆杆规格

杆长/m	7	8	9	10	11	12	13	14
梢径/mm	100	150	150	190	190	190	190	190
根茎/mm	193	257	270	323	337	250	363	390
质量/kg	204	392	480	620	750	880	980	1250

3）绝缘子和横担。

绝缘子又称瓷瓶，用于固定导线并使导线和电杆绝缘，因此绝缘子应有足够的电气绝缘强度和机械强度。横担作为绝缘子的安装架，也是保持导线间距的排列架。

①绝缘子结构和用途。线路绝缘子有高压和低压两类，图 4-4 所示为常用绝缘子的外形结构。针式绝缘子按针脚长短分为长脚绝缘子和短脚绝缘子，长脚绝缘子用在木横担上，短脚绝缘子用在角钢横担上。蝶式绝缘子用在耐张杆、转角杆和终端杆上。拉线绝缘子用在拉线上，使拉线上下两段互相绝缘。

②对绝缘子的要求。在低压架空线路的角钢横担上，通常都采用蝶式绝缘子，具体要求是：在导线规格相同的一段架空线路上，每支横担上所用绝缘子应该是同型号和同规格的，中性线所用的绝缘子也应与相线相同；导线配用的绝缘子规格按规定范围选择。

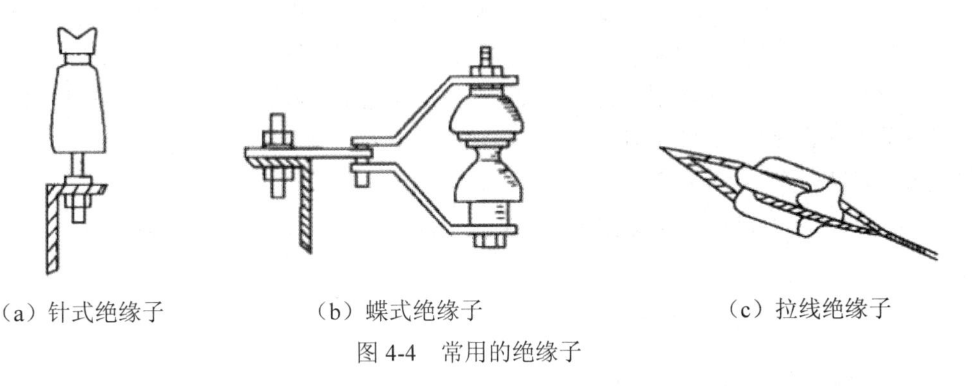

（a）针式绝缘子　（b）蝶式绝缘子　（c）拉线绝缘子

图 4-4　常用的绝缘子

③横担的种类和形状。横担分为角钢横担、木横担和瓷横担 3 种，最常用的是角钢横担，它具有耐用、强度高和安装方便等优点。角钢横担的一般结构形状如图 4-5 所示。

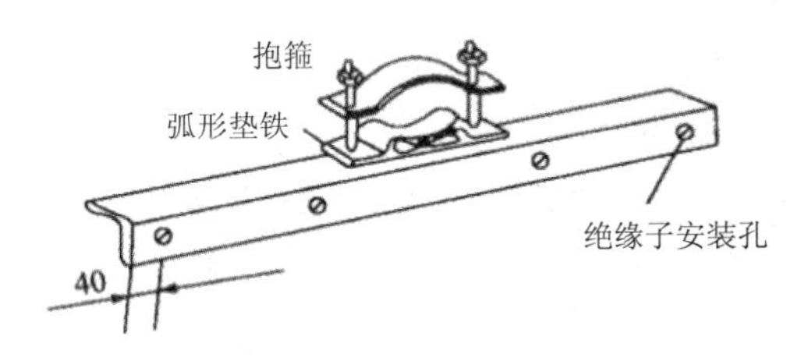

图 4-5　角钢横担（单位：mm）

④角钢横担的规格和适用范围。

a．40mm×40mm×5mm 角钢横担，适用于单相架空线路。

b．50mm×50mm×6mm 角钢横担，适用于导线截面积为 $50mm^2$ 及以下的三相四线制架空线路。

c．65mm×65mm×8mm 角钢横担，适用于导线截面积为 $50mm^2$ 以上的三相四线制架空线路。

d．转角杆和终端所用的横担，应适当放大规格。角钢横担的长度，按绝缘子孔的个数及其分布距离所需总长度来决定。

e．绝缘子孔分布距离。根据架空线水平排列的线间距离来决定。水平排列的线间距离，应按照表 4-5 的规定。角钢横担两端头与第一个绝缘子孔的中心距离一般为 40～50mm，可参见图 4-5。

4）拉线。

对拉线的材料、结构和安装的要求如下：

①拉线的材料在地面以上部分的，其最小截面积不应小于 $25mm^2$，可采用 2 股直径为 4mm 的镀锌绞合铁丝。在地下部分的（即地锚柄）最水截面积应不小于 $35mm^2$，可用 3 股直径为 4mm 的镀锌绞合铁丝。如用圆钢做地锚柄时，圆钢的直径不应小于 $12mm^2$。

②地锚用料一般用混凝土制成，规格不应小于 100mm×200mm×800mm，埋深为 1.5m 左右。如用石条制成时，其规格与混凝土的相同，但不能使用风化了的石块。

③拉线的结构主要由以下几部分组成：

a．上把：上把的绑扎长度应为 150～200mm；U 形轧上把必须用三副 U 形轧，每两副 U 形轧之间应相隔 150mm。

b．中把：一般都应用绑扎或 U 形轧结构，安装要求与上把相同。凡拉线的上把装于双层横担之间，拉线穿越带线导线时，必须在拉线 L 安装中把。中把应安装在垂直离地 2.5m 以上、穿越导线以下的位置上。安装中把的作用是避免导线与拉线触碰时而使拉线带电。低压架空线路拉线所用的中把绝缘子，多数为 J-4.5 型隔离绝缘子，能承受 4.5t 的拉力；若须承受更大拉力，可选用 J-9 型隔离绝缘子。

c．下把：花篮轧下把与地锚连接时，要用铁丝绑扎定位，以免被人误弄而松动。

5）金具。

凡用于架空线路的所有金属构件（除导线外），均称为金具。金具主要用于安装固定导线、横担、绝缘子、拉线等。

①圆形抱箍把拉线固定在电杆上，花篮螺丝可调节拉线的松紧度，用横担垫铁和横担抱箍可以把横担固定在电杆上，支撑扁铁从下面支撑横担，防止横担歪斜，而支撑扁铁用带凸抱箍进行固定，穿心螺栓用来把木横担固定在木电杆上。

②对金具的技术要求。

a．必须经过防锈处理，有条件的应镀锌。

b．所用金具的规格必须符合线路要求，不可勉强代用。

c．应加工的金具（如锯割、钻孔和弯形等），必须在防锈处理前加工完毕。加工后必须经过检查，应符合质量要求。

4.1.3 任务分析与实施

4.1.3.1 任务分析

（1）架空线路架设的基本方法和技术要求；

（2）架空线路架设的施工方法。

教学重点及难点：架空线路的敷设、施工工艺。

4.1.3.2 任务实施

1. 实施地点

生产性实训基地。

2. 器材需求

（1）多媒体设备；

（2）架空线路。

3. 实施内容与步骤

（1）架空线路的架设。

架空线路架设的基本方法和技术要求如下：

①要熟悉国家和当地的有关安全技术规定、标准，核对设计图中的电杆、拉线方位和地下设备现状的方位情况，尤其要注意在交叉路U和弯道处。

②现场勘察时要注意所施工的架空线路区域内是否有高压、低压、路灯线路和电话线等设施。若有障碍应考虑调整杆位、线路，尽量避开或减少其矛盾。如仍不能解决，再考虑以确定该线路的高度和防护措施来解决，并在立杆或放线前办好停电等手续。其次，勘察杆位和拉线地锚坑附近的地下设施情况，如个别杆位有冲突，可以调整杆距；若与杆位冲突较多又影响较大，应改变线路方位和走向。然后再根据现场引下线、路灯、行人和行车通过的要求，进行电杆的定点，确定立杆的方向和挖坑时车道的方向等。

③先从线路起点、转角点和终点的电杆位置开始确定，然后再确立中间杆的位置。工矿企业一般厂区道路已确定，要求由电杆至道边的距离为0.75～1m。电杆的档距为40m左右（根据情况可适当调整），以杆距和道边的距离来确定电杆的位置。

④根据线路要求，选用电杆材质，铁塔一般用于35 kV以上架空线路的重要位置。日前应用最广的是圆形钢筋混凝土杆，圆形杆又分为锥形杆和等径杆两种。

⑤根据线路传送电流的大小来选用导线，同时还要考虑架空线路导线能经受风、雪、冰、雨和空气温度等作用和周围所含化学杂质的侵蚀等因素。

（2）架空线路架设的施工方法。

①挖坑。坑有杆坑和拉线坑两种。杆坑分有圆形坑和梯形坑。对不带卡盘和底盘的电杆，通常挖圆形坑；对杆身较高、较重和带卡盘的电杆，挖梯形坑。在坑深1.6m以下者，采用二阶坑，坑深在1.8m以上者，采用三阶坑。拉线坑的深度根据具体情况确定，一般为1～1.2m。

②立杆。立杆方法很多，常用的有汽车起重机立杆、三脚架立杆、倒落式立杆和架腿立杆等。架腿立杆只能立木杆和9m以下的钢筋混凝土电杆。在稻地、园田等松软的土地上起立8～12m钢筋混凝土电杆时，汽车起重机进入施工场地立杆比较困难，可根据电杆的长短和重量，分别选用三角架立杆或倒落式立杆。

③横担组装。一般都在地面上将电杆顶部的横担、金具等全部组装完毕，然后整体立杆。如果电杆竖起后再组装，应从电杆的最上端开始安装，在杆上将横担紧固好后，再安装绝缘子。

④拉线制作。在有条件的地方，应尽量采用镀锌钢绞线。制作拉线时，在埋没拉线盘前，应把下把线组装好，然后进行整体埋没。接着做拉线上把，最后做拉线中把，使上部拉线和下部拉线盘连接起来成为一个整体。

⑤架设导线。在检查导线规格符合要求后，可以进行放线。把导线从线盘上放出来，架设在电杆的横担上。放线有拖放法和展放法两种，拖放法是将线盘放在放线架上拖拉导线；展放法是将线盘架设在汽车上，在汽车行驶中展放导线。导线放完后，如果接头在跳线处（耐张杆两侧导线间的连接），可用线夹连接。若接头处在其他位置，则采用压接法连接。

⑥导线连接。一般在任一档距内的每条导线，只能有一个接头。在跨越铁路、公路、河流、电力和通信线路时，导线和避雷线不能有接头。不同金属、不同截面、不同捻绞方向的导线，只能在杆上跳线处连接。

⑦竖线。竖线有两种，一种是导线逐根均匀收紧，另一种是三线同时收紧或两线同时收紧，这种方法需有较大牵引力的卷扬机或绞磨机。一般中、小塑铝绞线和钢芯铝绞线可用紧线钳紧线。通常紧线工作与测定导线的弧垂配合进行。

⑧导线固定。导线在绝缘子上通常用绑扎方法来固定。常用的有顶绑法，用于直线杆上蝶式绝缘子的导线固定绑扎。侧绑法，用于转角杆针式绝缘子上的导线固定绑扎。终端绑扎法，用于终端杆碟式绝缘子上的导线固定绑扎。

任务二　电力电缆线路的安装

4.2.1　任务要求

（1）认识电力电缆。
（2）了解电力电缆的结构。
（3）了解电力电缆的施工。

4.2.2　相关知识

电缆线路和架空线路一样，主要用于传输和分配电能。不过和架空线路相比，电缆线路的成本高，投资大，查找困难，工艺复杂，施工困难，但它受外界因素（雷电、风害等）的影响小，供配电可靠性高，不占路面，不碍观瞻，且发生事故不易影响人身安全。因此在建筑物或人口稠密的地方，特别是有腐蚀性气体和易燃、易爆的场所，不方便架设架空线路时，宜采用电缆线路。在现代化工厂和城市中，电缆线路已得到广泛的应用。

4.2.2.1　电力电缆的类型、结构和用途

电力电缆类型品种很多，35kV 及以下的电力电缆常用的有油浸纸绝缘电缆、塑料绝缘电缆和橡胶绝缘电缆三种类型。

（1）油浸纸绝缘电缆常用的有普通粘性浸渍电缆和不滴流电缆两种。这两种电缆结构完全相同，仅浸渍剂不同，广泛应用于1～35kV 的电压等级中。

10kV 及以下的多芯电缆，常共用一个金属护套，称为统包型结构。35kV 电缆分为分相铅（铝）包型和分相屏蔽层型两种。分相铅（铝）包型每个绝缘线芯都有铅（铝）护套。分相屏蔽层型则为绝缘线芯分别加屏蔽并共用一个金属铅或铝护套。

普通粘性浸渍剂是低压电缆油与松香的混合物，浸渍剂粘度随温度的增高而降低，温度愈高愈易淌流，在较低的工作温度下也会流动。当电缆敷设于落差较大的场合时，浸渍剂会从高端淌下，造成绝缘干涸，绝缘水平下降，甚至可能导致绝缘击穿；同时，浸渍剂在低端淤积，有胀破铅套的危险。因此，粘性浸渍电缆其最高工作温度规定得较低，不宜用于高落差的场合。不滴流浸渍是低压电缆油和某些塑料合成的蜡的混合物，浸渍剂在浸渍温度下的温度相当低，能保证充分浸渍。在电缆工作温度下，呈塑性蜡体状，不易流动。在滴点温度下不会淌流，因此不滴流电缆不规定敷设落差的限制，其最高工作温度可规定得较高，还可提高载流量，是逐步取代普通粘性浸渍电缆的产品。

（2）油浸纸绝缘铅包电缆巾的裸铅包和镭皮麻护套电缆，适用于室内无腐蚀处敷设。铅包钢带铠装和铅包裸钢带铠装电缆，适用于地下敷设，能承受机械外力，但不能承受较大拉力。铅包细钢丝铠装和铅包裸细钢丝铠装电缆，适用于地下敷设，能承受机械外力和相当的拉力。铅包粗钢丝铠装电缆，适用于水中敷设，能承受较大的拉力。

（3）塑料绝缘电缆分为聚氯乙烯电缆、聚乙烯电缆和交联聚乙烯电缆三种。

塑料电缆的绝缘层用热塑性塑料挤包制成，或由添加交联剂的热塑性塑料挤包交联而成。塑料电缆通常采用聚氯乙烯护套，当需要加强力学性能时，在护套的内、外两层之间，用钢带或钢丝铠装，称铠装护套。

6kV 及以上的交联聚氯乙烯和聚乙烯电缆，导线表面需有屏蔽层（半导电材料），6kV 及以上的塑料电缆有绝缘屏蔽层（由半导电材料和金属带或金属细线组合而成）。绝缘屏蔽层的金属带（丝）的作用是保持零电位，并在短路时承载短路电流，以免因短路电流引起电缆温度升过高而损坏绝缘层。

塑料电缆安装敷设简便，没有敷设落差限制，适用于高落差场合，广泛应用于1～35kV 电压等级及以上的场所。

聚氯乙烯护套电缆可敷设在室内、外隧道或管道中。钢带铠装电缆可敷设在地下，能承受机械外力，但不能承受大的拉力。细钢丝铠装电统可敷设在室内，能承受相当的拉力。

交联聚乙烯电缆工作温度高、耐腐蚀，可架空敷设及室内处理地敷设或缆沟、隧道、管道中敷设，有逐步取代油浸纸绝缘电缆。

（4）橡胶绝缘电缆按绝缘层常用材料分有天然丁苯橡胶电缆、乙丙橡胶电缆和丁基橡胶电缆三种。橡胶电缆的护套常用聚氯乙烯护套、氯丁橡胶护套。

橡胶电缆敷设安装简便，适用于高落差的场合。由于其绝缘层柔软性最好，导线的绞线根数比其他形式的电缆稍多，故适用于弯曲半径较小的场合。

橡胶绝缘聚氯乙烯护套电力电缆，多用于交流 500V 以下线路，可以敷设在室内隧道和管道中，不能承受机械力作用。钢带铠装电缆可以在地下敷设，能承受机械力作用，但不能承受大的拉力。

通用橡套电缆分为轻型、中型和重型兰种。轻型橡套电缆工作电压为 250V，截面为 0.3～0.75mm^2，有 2 芯和 3 芯之分，适用于轻型移动电气设备和日用电器电源线及仪器、仪表电源线。中型橡套电缆有 2 芯、3 芯和 3+1 芯，截面积为 0.5～6mm^2，适用于 500V 及以下的各种移动电气设备、农用移动机械动力电源线及电动工具电源线等。重型橡套电缆有1、2、3和3+1芯之分，截面积为2.5～120mm²，适用于500V及以下的各种移动电气设备、农用机械、港口机械和林业机械的移动式电源线。

4.2.2.2　电缆线路施工

（1）电缆线路应从技术上和经济上选择最有利的路径，符合城市或厂矿规划和规程规定的要求，应尽量减少与地面或地下各种设施交叉跨越，避开正在进行或计划中建设工程需要挖掘的地方，防止和避免电缆线路遭到各种损坏（如机械、化学腐蚀、震动、热、杂散电流和其他的损坏），使用电缆最少，便于运行维护。

电缆敷设在城市或厂矿企业的道路上，原则上电缆线路与架空线路应在道路的同一侧，电缆线路应敷设在道路的西侧、南侧的人行道上，电缆线路中心位置应距规划建筑红线1m处。

（2）电缆截面要根据负荷电流的大小来选择，要适量地为负荷的发展留有余地，有条件时要兼顾电缆备品的品种综合来考虑。要根据用电负荷的重要情况来选择电缆线路的供配电方式。对两条并列运行的电力电缆，其长度、截面积和导体材质应相同。

（3）选择直埋线路应注意直埋电缆周围的土壤，不应含有腐蚀电缆金属保护层的物质（如烈性酸、碱溶液、石灰、炉渣、腐蚀物质和有机物杂质等），还应注意虫害和严重阳极区。直埋电缆应采用具有防腐性能的22型电缆。35 kV电缆采用ZQFD22、ZLQFD22、ZQF22、ZLQF22等型号或交联聚乙烯电缆。10 kV尽量采用YJL22、YJLV22、7QD22、ZLQD22、ZQ22、ZLQ22等型号电缆。1kV以下电缆尽量采用V22、VLV22型电缆。直埋电缆一律不允许用无铠装的电缆。

（4）二相线路采用单芯电缆或三芯电缆分相后，每相周围应无铁件构成闭合磁路。在三相四线制系统中的电缆线路，不应采用一根单芯电缆或用导线作中性线的方式（除制造厂有规定外），禁止用电缆金属护套作中性线。

（5）在电缆的终端头和中间接头处，电缆的铠装铅（铝）包和金属接头盒应有良好可靠的电气连接，使其处于同一电位；在电缆两端终端头应有可靠接地，接地线为截面积不小于25mm²的铜线。接地电阻不应大于10Ω，接地线应与接地网和避雷器地线连接。

（6）普通黏性浸渍电缆线路的最高点与最低点之间允许的最大高度差，不应超过表4-10的规定。

表4-10　黏性浸渍电缆允许位差

电压/kV	有无铠装	铅包/m	铝包/m
1～3	铠装	25	25
6～10	无铠装	20	25
	铠装式	15	20
35	无铠装		/

（7）电缆最小弯曲半径与电缆外径的比值不小于表4-11的规定。

（8）电缆两端的终端头、中间接头和电缆隧道及电缆沟的进出口处，应安装标牌，标明电缆线号、去向起止点和电缆型号、电压、截面及长度。隧道内电缆每隔50m应加装标牌。电缆沟内的电缆，每隔20m应加装标牌，并在沟盖上或地面上有明显标记，标明标牌的所在点。电缆竣工时，应有电缆地形位置图和与其他管道交叉处的断面图及施工安装检修试验记录等。

表 4-11　电缆最小弯曲半径与电缆外径的比值

电缆种类	电缆护套结构	单芯	多芯
油浸纸绝缘铅包电力电缆	铠装或无铠装	20	15
塑料、橡胶绝缘电力电缆	有金属屏蔽层	10	8
	无金属屏蔽层	8	6
	铠装	/	10

（9）电力电缆试验知识。电力电缆在施工前、后，均应进行绝缘电阻和耐压试验，合格后方可投入运行。

绝缘电阻试验的目的是：检查电缆绝缘状况，是否受潮、脏污或存在局部缺陷。

对发电厂、变配电所运行的主干线路，绝缘电阻每年试验一次，对于重要分支线路每 1～3 年试验一次。

对额定电压为 1 kV 以上电缆测量时使用 2500 V 兆欧表；1 kV 以下使用 1 kV 兆欧表。对三芯电缆测量一根芯线的绝缘电阻，其余两根芯线应和电缆外皮一起接地，读取 lmin 的数值。当电缆终端头潮湿或套管上脏污时，为测量出真实的电缆内部绝缘电阻，消除表面泄漏电阻的影响，还须将兆欧表屏蔽端子（E）接出，将线缠绕在脏污套管上或电缆的纸绝缘上，测量线要悬空，用绝缘带吊起，不要拖在地上。电力电缆的线间和对地电容较大，特别是长的电缆电容量更大，测量绝缘电阻时要注意保护兆欧表，在读出 lmin 兆欧表数值后，先将兆欧表引线拉断，再停止摇动，以免电缆电容蓄积的电荷反冲流入兆欧表使之损坏。绝缘电阻的合格值应与历史记录相比较决定。无历史记录时，可参考表 4-12，即电缆长度为 250m 的绝缘电阻参考值。

表 4-12　电缆长度为 250m 绝缘电阻参考值

额定电压/kV	1 及以下	3	6～10	20～35
绝缘电阻/MΩ	10	200	400	600

进行直流耐压试验与泄漏电流测量时，电缆在直流电压的作用下，其绝缘中的电压按绝缘电阻分布。当在电缆中有发展性局部缺陷时，则大部分电压将加在与缺陷串联的未损坏部分的电缆上。所以，从这种意义来说，直流耐压试验比交流耐压试验更容易发现局部缺陷。

电缆直流泄漏电流的测量和直流耐压试验在意义上是不相同的。之所以试验与测量同时进行，是因为在实际工作中，两者在接线、设备等方面完全相同。一般情况下，直流耐压试验对检查绝缘干枯、气泡、纸绝缘机械损伤和工厂中的包缠缺陷等比较有效；泄漏电流对检测绝缘老化、受潮比较有效。对交联电缆还应测量屏蔽层对铠装、铠装层对地的绝缘电阻和屏蔽层的直流电阻。

4.2.3　任务分析与实施

4.2.3.1　任务分析

根据职业技能测试所涉及学生的能力，即安装与操作；获取生产性的具体信息，设定教学目标：

（1）电缆沟的挖掘；

（2）电缆的搬运；

（3）电缆的施工敷设；

（4）电缆牵引强度；

（5）电缆预热采用的方法。

教学重点及难点：10 kV 以下电缆敷设施工程序和操作方法。

4.2.3.2　任务实施

1. 实施地点

生产性实训基地。

2. 器材需求

（1）多媒体设备；

（2）电力电缆。

3. 实施内容与步骤

（1）电缆沟的挖掘。电缆沟的挖掘应按设计图的路由进行定线、放线，然后再进行开挖。必要时应会同有关部门进行定线和验线。电缆沟的深度应由设计和路面的标高决定。在道路尚未形成前，会同有关部门进行测量，决定标高，必要时进行填土或取土，保证电缆埋设深度。挖掘的电缆沟应够深、够宽且沟底平整，在电缆沟的转弯处，应满足电缆最小弯曲半径的要求。

（2）电缆的搬运。在搬运电缆前，应进行外观检查并核对电压等级、钢或铝线芯及截面等型号规格是否符合要求，必要时可截取 0.5m 电缆作解剖检查并填写记录。在移动电缆线盘前，必须检查线盘是否牢固，电缆两端的固定情况如何，缆线有无松弛。对松弛、摇晃的线盘必须紧固（或更换）后，方可搬运。

禁止将电缆线盘平放储存或搬运，卸车时不准将线盘直接从车上滚下。

对保护板完整牢固的线盘，进行短距离搬运，允许将电缆线盘滚至敷设地点。当线盘无保护时，只有在马路面坚固、平接、无砖头石块，且线盘高出电缆外皮 100mm 才能滚动。电缆线盘的滚动方向必须与电缆线盘上箭头指示方向一致，放线时的转动方向，必须与电缆盘上箭头指示方向相反。

根据电缆允许将电缆盘成圆圈搬运，其弯曲半径应符合要求，但应在线圈周围四点捆扎牢固。搬运中如发现有损伤，应及时采取措施消除，防止损坏部位扩大。

电缆运至现场，应置于便于放线处，避免第二次搬运。如存放时间较长，应采取防外力损伤的措施。

（3）电缆的施工敷设。敷设前应消除沟底杂物和临时障碍物，检查电缆沟的走径、宽度、深度、转弯处和交叉跨越处的预埋管等是否符合设计和规程要求。核对电缆规范，检查近期试验合格证，进行外观检查，如有怀疑要进行试验，合格后方可进行敷设。检查电缆两端头是否完好，保护层有无损伤或漏油现象。如有问题，根据情况进行处理，必要时作电气试验，对油浸纸缆要校验潮气和进行封焊、绑扎修补等。

根据每盘电缆的长度，确定中间接头位置，应避免接头放在交叉路口、建筑物的门口与其他管线交叉或地势狭窄处。一般在电缆两端留有适当余度，其长度最少要能作一次检修。

（4）牵引强度。用牵引机械敷设电缆，牵引强度不应大于表 4-13 中的规定。

表 4-13　敷设电缆允许牵引强度

牵引方式	引头		钢丝网套	
受力部位	铜芯	铝芯	铅套	铝套
允许牵引强度/（$kg \cdot mm^{-2}$）	7	4	1	4

（5）电缆预热。如电缆存放地点在敷设前 24 h 内平均温度和敷设时的温度低于下列值时，应将电缆预先加热。

①35 kV 及以下，油浸纸缆 0℃，不滴流电缆 5℃。

②充油电缆-10℃。

③橡胶绝缘电缆分为橡胶或聚乙烯护套-15℃，裸铅套-20℃，铅护套钢带铠装-7℃。

④塑料绝缘电缆 0℃。

（6）电缆预热采用提高周围空气温度的方法加热。当温度为 5℃～10℃时，需要 72h；当温度为 25℃时，需要 24～30h；采用电流电缆线芯的加热方法，加热电流不应大于电缆的额定电流。加热后电缆表面不得低于 5℃。用单相电流加热铠装电缆时，应采用能防止在铠装内形成感应电流的电缆芯连接方法。

经过烘热的电缆应尽快敷设，敷设前放置的时间一般不超过 1h。当电缆冷却到低于第（5）条所列的环境温度时，不得再弯曲。

当用电流加热法时，无论在任何情况下，都不应使油浸纸缆表面温度超过下列规定：35kV 电缆 25℃；6～10kV 电缆 35℃；3kV 及以下电缆 40℃。加热时应随时用钳形电流表监视电缆加热电流的表面温度，敷设时间最好选择在中午气温最高时进行。

周围环境温度度低于-10℃时，只有在紧急情况下并在敷设前和敷设中均用电流加热时，才允许敷设电缆。

（7）孔管内敷设电缆。在隧道、电缆沟或排管中敷设电缆，应注意按设计要求穿入管内，防止穿错位置，造成电缆相互交叉。

（8）在排管内敷设电缆。敷设前应核对电缆盘上电缆的长度及工井间的距离，把中间接头安排在工井内施工。敷设时为了减少电缆与管壁间的摩擦力，电缆外部应涂以无腐蚀性的润滑剂（如滑石粉 50%、凡士林 50%的混合剂）。

（9）电缆终端头和中间接头的绑扎应避免在雨天、雾天、大风天气及 80%以上湿度的环境下进行。如遇紧急修理，应做好防护措施，在尘土较多或污染区应搭帐篷，防止尘土侵入。工作时应尽量缩短工作时间，避免电缆绝缘长时间裸露于空气中。在冬季气温低于 0℃时，电缆应预先加热。

（10）电缆连接。进行电缆接头工作前，应先检查附件材料和施工工具是否齐全、合格，密封性能是否可靠，核对终端盒的结构尺寸并预先组装，防止搞错电缆剥切尺寸。工作前和工作中要随时检查电缆各部位外观情况，如发现有缺陷，要及时处理。

（11）相色要求。电缆终端头应有明显的相色标志，并且与电网相色一致。10 kV 及以下电缆终端头把绿相作为中相，不允许在接头和终端头内绞相。

（12）防水要求。在室内高压开关柜安装终端头，应考虑地下最高水位及保证在汛期不被沟内积水淹没。

室内墙壁上安装的终端头裸露带电部分对地的距离，10kV 不小于 2.5m，35 kV 不小于 2.6m，否则应加设固定遮栏。

项目五
变电所的组建

1. 了解变配电所的任务。
2. 掌握变配电所所址的选择的基本要求。
3. 了解变配电所的总体布置。
4. 能对变配电所所址进行选址和布置。

任务一 变配电所所址的选择及总体布置

5.1.1 任务要求

（1）认识低压熔断器、低压断路器、低压负荷开关、低压配电屏。

（2）了解低压熔断器、低压断路器、低压负荷开关、低压配电屏的结构、工作原理和适用范围。

（3）了解负荷计算。

5.1.2 相关知识

工厂变电所担负着从电力系统受电、经过变压、配电的任务。配电所担负着从电力系统受电，然后直接配电的任务。可见，变配电所是工厂用电系统的枢纽。

工厂变电所一般设置总降压变电所和车间变电所。而中小型的工厂不设总降压变电所，只有相应的车间变电所。为节省场地和建筑费用，工厂的配电所尽可能与车间变电所配套合建。

5.1.2.1 变配电所位置的选择

（1）变配电所位置确定的一般原则。

变配电所的位置一般会根据用电负荷位置、负荷大小、负荷的集中程度、周围环境、安全性要求，并结合技术经济分析后确定。

①尽量接近负荷中心，以降低配电系统的电能损耗、电压损耗和有色金属消耗量。

②接近电源侧，尤其是工厂的总降压变电所和高压配电所。

③进出线方便，特别是要适于架空进出线。

④设备安装和运输方便，主要是考虑电力变压器和高低压成套配电装置的安装和运输。

⑤不宜设在多尘或有腐蚀性污染物的场合，无法远离时，应设在上风侧。

⑥不应设在高温或有剧烈振动的场所，无法避开时，要采取隔热和防振措施。

⑦不应设在地势低洼和经常积水场所（比如浴室、游泳池或厕所等）的正下方，或与上述场所毗邻。

⑧不应设在易燃易爆环境的正上方或正下方。当与上述环境毗邻时，应符合国家标准 GB 50058－1992《爆炸和火灾危险环境电力装置设计规范》的规定。

⑨不妨碍工厂或车间的发展，并适当考虑将来扩建的可能。

工厂或车间的负荷中心一般采用以下方法近似确定。

（2）负荷指示图。

负荷指示图是指将电力负荷按照一定比例（例如用 1mm^2 的面积代表（合适）计算负荷的千瓦数）用“负荷圆”的形式标示在工程建筑或车间的平面图上，如图 5-1 所示（其他可见技术部门给出的负荷工艺布置图）。各车间的负荷圆的“圆心”应与工程建筑（车间）的“负荷中心”位置大致相符。建筑（车间）内负荷如果分布大致均匀，这一“负荷中心”就代表建筑或车间的中心。如果建筑（车间）负荷分布不均匀，这一中心应偏向负荷较集中的一侧。

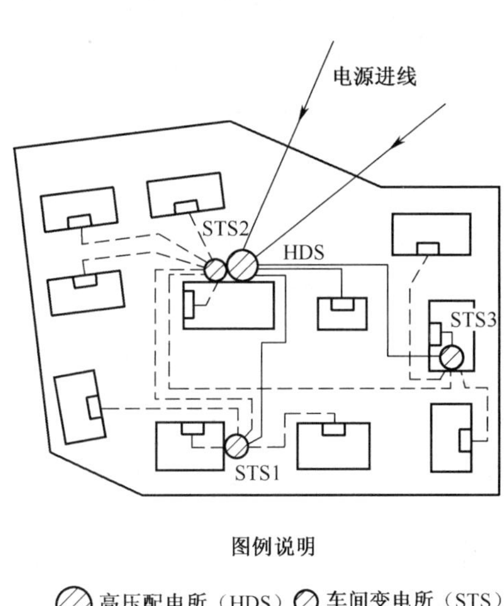

图 5-1　中型工厂的负荷指示图

图 5-1 可以直观地大致确定工程建筑（车间）的负荷中心，但还是必须结合其他条件综合分析比较才能最终确定。

（3）负荷功率力矩法。

经常通过负荷力矩法确定负荷中心。具体方法如下：设有负荷 P_1、P_2、P_3（有功计算负荷分析）分布如图 5-2 所示，可见在直角坐标系中的坐标分别为 $P_1(z_1, y_1)$、$P_2(x_2, y_2)$、$P_3(x_3, y_3)$。总负荷用 $P=P_1+P_2+P_3$ 表示，假定 P 的负荷中心位于 $P(x, y)$，则由力学知识得

$$xP = P_1x_1 + P_2x_2 + P_3x_3 \tag{5-1}$$

$$yP = P_1y_1 + P_2y_2 + P_3y_3 \tag{5-2}$$

即

$$xP = \Sigma(P_ix_i) \tag{5-3}$$

$$yP = \Sigma(P_iy_i) \tag{5-4}$$

因此，负荷中心 P 的坐标为

$$x = \frac{\Sigma(P_ix_i)}{P} \quad \text{q} \tag{5-5}$$

$$y = \frac{\Sigma(P_iy_i)}{P} \tag{5-6}$$

这里需注意的是：负荷中心的确定虽然是变配电室选址的重要因素，但并不是唯一的指标，而且负荷中心并非是固定不变的，所以，负荷中心的计算不需要非常精确。

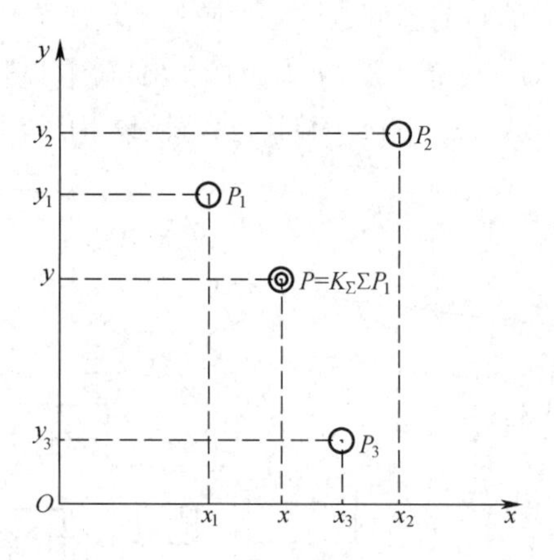

图 5-2　负荷力矩法确定负荷中心

（4）常见的工厂变电所安装形式和位置。

工厂变电所分为总降压变电所和车间变电所，一般中小型工厂不设总降压变电所。常见的工厂变电所安装形式和位置如下：

①车间内部变电所。变电所四面都在车间内部，适于负荷较大的多跨厂房、负荷中心在厂房中央且环境允许。优点是经济性较好，位于车间的负荷中心，可以缩短低压配电距离，降低电能和电压损耗，节省有色金属消耗量。但是变电所建在车间内部要占用车间一定的生产空间；另外由于变电室的变压器室门朝外开，对生产的安全有一定威胁。

②露天或半露天变电所。在中小型工厂，只要周围环境条件正常，无腐蚀性、爆炸性气体和粉尘的场所都适于采用。优点是简单经济，通风散热好。缺点是安全性差，尤其注意：在靠近易燃易爆的厂区附近及大气中含有腐蚀性或爆炸性物质的场所不得采用。

③独立变电所。变电所建在距车间 12～25m 外的独立建筑物内，适于各车间的负荷相当小而

且较分散，或需要远离易燃易爆和有腐蚀性污染物的场合，一般车间变电所不宜采用。电力系统中的大型变配电所和工厂的总变配电所，则一般采用独立式。

④杆上（高台）变电站。一般用于容量在 315kV·A 及以下的变压器，电源由架空线引接的屋外变电站，最为简单经济，多用于生活区供电。

⑤户外箱式变电站。由高压室、变压器室和低压室三部分组合成箱式结构的变电站。

另外，还有通风散热较差的地下变电所，费用较高但相对安全，常用于高层建筑、地下工程和矿井中；移动式变电所主要适于坑道作业以及临时施工供电；楼上变电所要求主变压器具备轻型、安全的结构，常采用无油的干式变压器，或者采用成套变电所。

5.1.2.2 总降压变电所的主接线

（1）线路－变压器组接线。

变电所只有一路电源进线，只设一台变压器且变电所没有高压负荷和转送负荷的情况下，常常用线路－变压器组接线。其主要特点是变压器高压侧无母线，低压侧通过开关接成单母线接线供配电。

在变电所高压侧，即变压器高压侧，可根据进线距离和系统短路容量的大小装设隔离开关 QS，高压熔断器 FU 或高压断路器 QF，如图 5-3 所示。

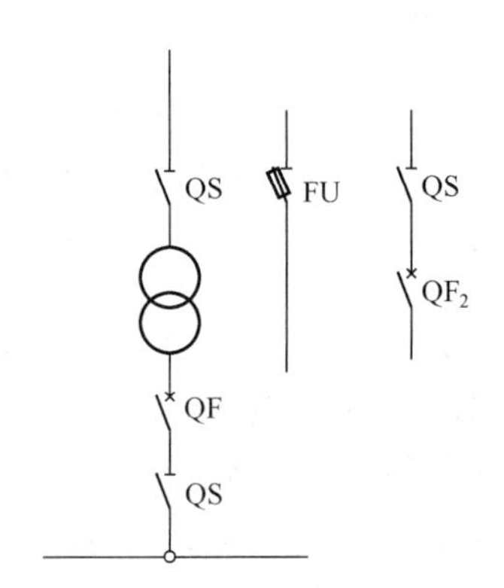

图 5-3 线路－变压器组接线

当供配电线路较短（小于 2～3km），电源侧继电保护装置能反应变压器内部及低压侧的短路故障，且灵敏度能满足要求时，可只设隔离开关。如系统短路容量较小，熔断器能满足要求时，可只设一组跌落式断路器。当下述两种接线不能满足，同时又要考虑操作方便时，需采用高压断路器 QF_2。

（2）桥式接线。

为保证对一、二级负荷可靠供配电，总降压变电所广泛采用由两回路电源供配电，装设两台变压器的桥式接线。

桥式主接线可分为内桥和外桥两种，图 5-4 所示为常见内桥主接线图，图 5-5 所示为常见外桥主接线图。

①内桥式。内桥式主接线的“桥”断路器 QF_5 装设在两回路进线断路器 QF_1 和 QF_2 的内侧，如桥一样将两回路接线连接在一起。正常时，断路器 QF_5 处于开断状态。

这种主接线的运行灵活性好，供配电可靠性高，适用于一、二级负荷的工厂。

如果某路电源进线侧，例如 L_1 停电检修或发生故障时，L_2 经 QF_5 对变压器 T_1 供配电。因此这种接线适用于线路长，故障机会多和变压器不需经常投切的总降压变电所。

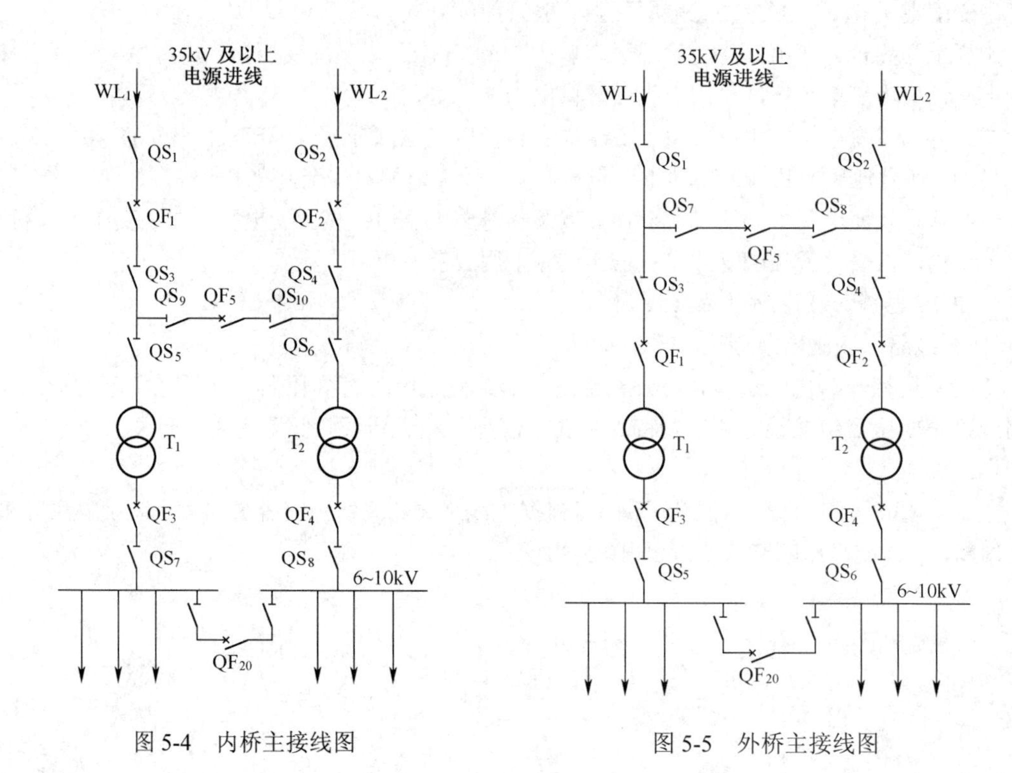

图 5-4　内桥主接线图　　　　图 5-5　外桥主接线图

②外桥式在这种主接线中，一次侧的“桥”断路器装设在两回路进线断路器 QF_1 和 QF_2 的外侧，此种接线方式运行的灵活性和供配电的可靠性也较好，但与内桥式适用的场合不同。外桥接线对变压器回路操作方便，如需切除变压器 T_1 时，可断开 QF_1，先合上 QF_6。对其低压负荷供配电，再合上 QF_5，可使两条进线都继续运行。因此，外桥式接线适用于供配电线路较短，工厂用电负荷变化较大，变压器需经常切换，具有一、二级负荷变电所。

（3）单母线和母线分段。

母线也称汇流排，即汇集和分配电能的硬导线。母线的色标：A 相－黄色；B 相－绿色：C 相－红色。母线的排列规律：从上到下为 A→B→C；对着来电方向，从左到右为 A→B→C。设置母线可以方便地把电源进线和多路引出线通过开关电器连接在一起，以保证供配电的可靠性和灵活性。

单母线主接线方式如图 5-6 所示，每路进线和出线中都配置有一组开关电器。断路器用于切断和关合正常的负荷电流，并能切断短路电流。隔离开关有两种作用：靠近母线侧的称为母线隔离开关，用于隔离母线电源和检修断路器；靠近线路侧的称为线路侧隔离开关，用于防止在检修断路器时从用户端反送电。防止雷击过电压沿线路侵入，保护维修人员安全。单母线接线简单，使用设备少，配电装置投资少，但可靠性、灵活性较差。当母线或母线隔离开关故障或检修时，必须断开所有回路，造成全部用户停电。这种接线适用于单电源进线的一般中、小型容量的用户，电压为 6～10kV。

单母线接线分段主接线如图 5-7 所示。为了提高单母线接线的供配电可靠性，在变电所有两个或两个以上电源进线或馈出线较多时将电源进线和引出线分别接在两段母线上，这两段母线之间用断路器或隔离开关连接。

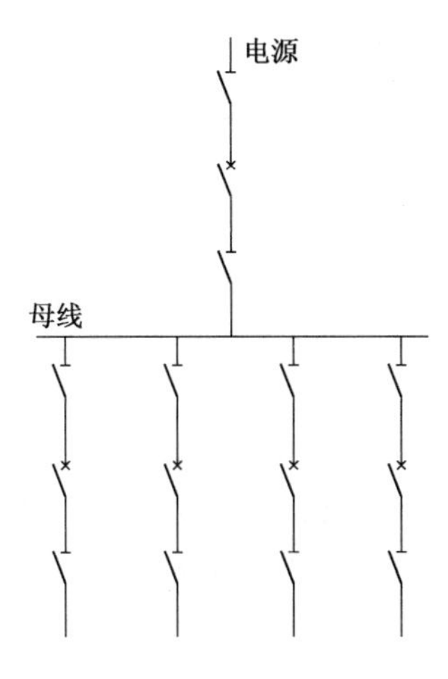

图 5-6　单母线接线

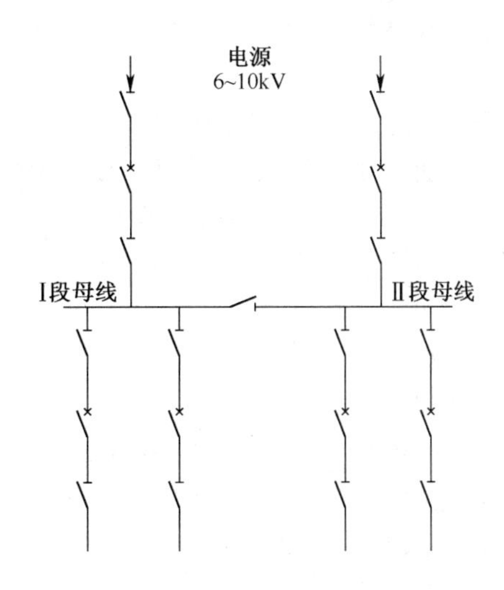

图 5-7　单母线接线分段主接线

这种主接线运行方式灵活，母线可以分段运行，也可以不分段运行，供配电可靠性明显得到提高。分段运行时，各段母线互不干扰，任一段母线故障或需检修时，仅停止对本段负荷的供配电，减少了停电范围。当任一电源线路故障或需检修时，都可闭合母线分段开关，使两段母线均不致停电。

（4）双母线。

单母线和单母线分段有一个缺点是母线本身发生故障或需检修时，将使该母线中断供配电。对供配电可靠性要求很高、进线回路多的大型工厂总降压变电所的 35～110 kV 母线和有重要负荷或有自备电厂的 6～10 kV 母线，如果单母线分段不能满足供配电可靠性要求时，可采用双母线接线方式。双母线主接线如图 5-8 所示。

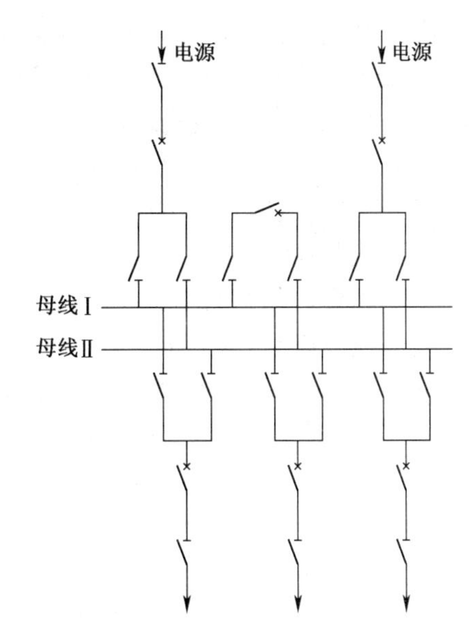

图 5-8　双母线主接线图

在这种接线中，任一电源或引出线均经一台断路器和两个隔离开关接在两条母线上，两条母线中间用母线联络断路器相连。

双母线接线有两种运行方式，一种方式是一种母线工作，另一种母线备用；另一种方式是两种母线同时工作，互为备用。

双母线由于有了备用母线，因而它的运行灵活性和供配电的可靠性都大大地提高。主要优点有：

①可以不停电轮流检修每一组母线；

②一组母线故障，可以将全部负荷切换到另一组母线上，恢复供配电时间较快；

③检修任一台出线断路器时，可用母线联络断路器替代，不会长时间中断供配电；

④检修任一台母线隔离开关，只需将该电路短时间停电，待隔离开关与母线和线路连线打开后，

即可通过另一组母线继续供配电。

为了提高供配电可靠性，可采用双母线分段的接线方式，这是在重要的变电所中常采用的接线方式。

5.1.2.3 高压配电网的接线

工厂企业内部电力线路按电压高低分为高压配电网络（1kV 以上的线路）和低压配电网络（1kV 以下的线路）。高压配电网的作用是从总降压变电所向各车间变电所或高压用电设备供配电，低压配电网的作用是从车间变电所向各用电设备供配电。高压配电网的接线方式通常有三种类型：放射式、树干式和环形。

（1）放射式接线。

1）单回路放射式。

所谓单回路放射式，就是由企业总降压变电所（或总配电所）6～10kV 母线上引出的每一条回路，直接向一个车间变电所或车间高压用电设备配电，沿线不分支接其他负荷，各车间变电所之间也无联系，如图 5-9 所示。

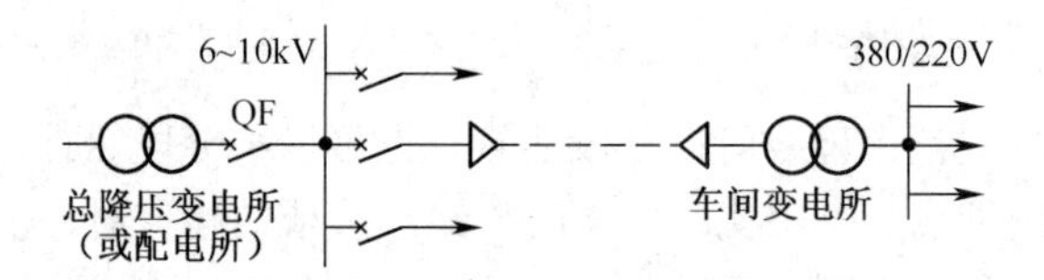

图 5-9 单回路放射式

这种形式的优点是：线路敷设简单，操作维护方便，保护简单，便于实现自动化；其缺点是：总降压变电所的出线多，有色金属的消耗量大，需用高压设备（开关柜）数量多，投资大，架空出线困难。此外，这种接线最大的缺点是当任一线路或开关设备发生故障时，该线路上的全部负荷都将停电，所以单回路放射式的供配电可靠性不高，仅适用于一级负荷的车间。

为了提高供配电的可靠性，可以考虑引入备用电源，采用双回路供配电方式。

2）双回路放射式。

按电源数目，双回路放射式又可分为单电源双回路放射式和双电源双回路放射式两种。

①单电源双同路放射式。

如图 5-10 所示，此种接线当一条线路发生故障或需检修时，另一条线路可以继续运行，保证了供配电，可适用于二级负荷。在故障情况下，这种接线从切除故障线路到再投入非故障线路恢复供配电的时间一般不超过 30min，对于允许极短停电时间且容量较小的一级负荷，正常情况下，只投入一条线路，如果两回路均投入，一旦事故发生还需要检查是哪一根电缆故障，对于某些停电时间不允许过长的三级负荷也可采用这种接线。

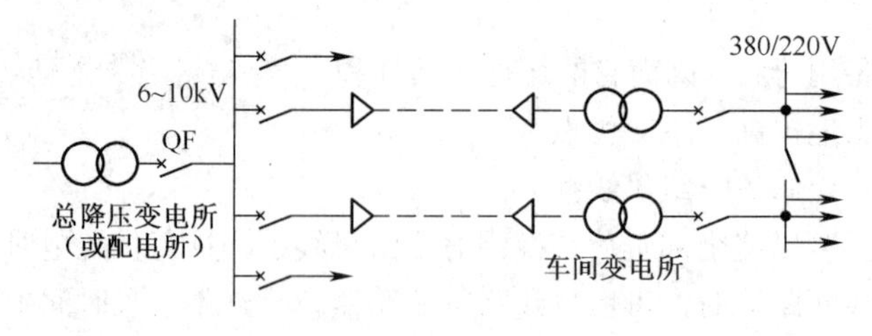

图 5-10 单电源双回路放射式

②双电源双回路放射式。

如图 5-11 所示，两条放射式线路连接在不同电源的母线上。在任一线路发生故障时，或任一电源发生故障时，该种接线方式均能保证供配电的不中断。双电源交叉放射式接线一般从电源到负载都是双套设备都投入工作，并且互为备用，其供配电可靠性较高，适用于容量较大的一、二级负荷，但这种接线投资大，出线和维护都更为困难、复杂。

另外，为提高单回路放射式系统的供配电可靠性，各车间变电所之间也可采用具有低压联络线的接线方式，如图 5-12 所示。此接线方式中电压联络开关可采用自动投入装置，使两车间变电所通过联络线互为备用，使供配电可靠性大大提高，确保各车间变电所一级负荷不停电。

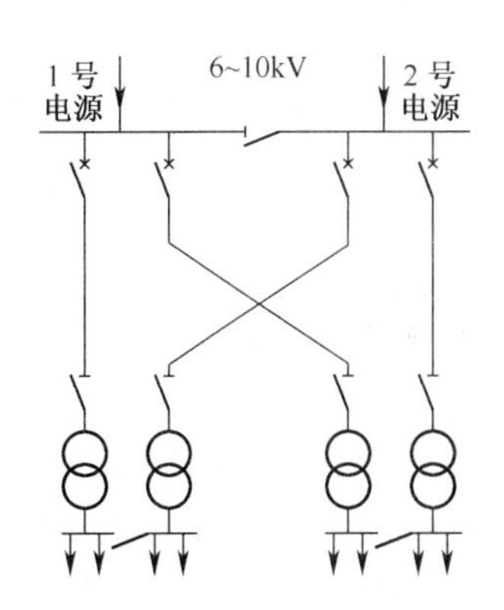

图 5-11　双电源双回路交叉放射式图

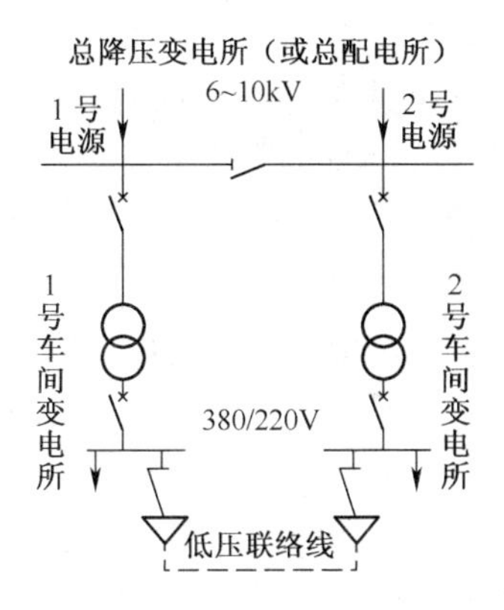

图 5-12　采用低压联络线的单回路放射式

这种接线与双电源双回路交叉放射式接线相比，可以大大地节约投资，但联络线的容量受到限制，一般不超过变电所变压器容量的 25%。

3）带公共备用线的放射式。

如图 5-13 所示为具有公共备用线放射式系统接线图，正常时备用线路不投入运行。当任何一回路发生故障或检修时，可切除故障线路投入备用线路，“倒闸操作”后，可将其负荷切换到公共的备用线上恢复供配电。这种接线其供配电可靠性虽有所提高，但因投入公共备用线的操作过程中仍需短时停电，所以不能保证供配电的连续性。另外，这种接线投资和金属消耗量也较大。

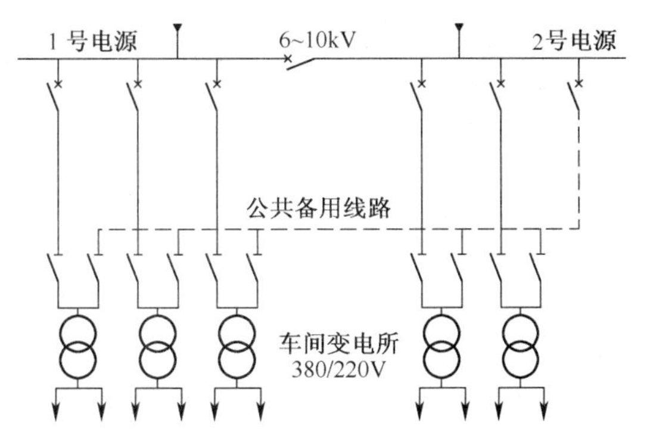

图 5-13　具有公共备用线放射式系统接线图

（2）树干式接线。

树干式接线可分为直接树干式和链串型树干式两种。

1）直接树干式。

由总降压变电所（或配电所）引出的每路高压配电干线，沿各车间厂房架空敷设，从干线上直接接出分支线引入车间变电所，称为直接树干式。

这种接线方式的优点是：总降压变电所 6～10 kV 的高压配电装置数量少，投资相应减少，出线简单，敷设方便，可节省有色金属，降低线路损耗；缺点是：供配电可靠性差，任一处发生故障时，均将导致该干线上的所有车间变电所全部停电，因此，要求每回路高压线路直接引接的分支线路数目不宜太多，一般限制在 5 个回路以内，每条支线上的配电变压器的容量不宜超过 315kV·A，这种接线方式只适用三级负荷。

2）链串型树干式。

在直接树干式线路基础上，为提高供配电可靠性，可以采用链串型树干式线路，其特点是：干线要引入到每个车间变电所的高压母线上，然后再引出，干线进出侧均安装隔离开关。这种接线可以缩小断电范围。

（3）环形接线。

环形接线实质上是由两条链串型树干式的末端连接起来构成的。这种接线的优点是运行灵活、供配电可靠性高，适用于一、二级负荷的供配电系统。

以上介绍了企业高压配电线路的几种接线方式，各有优缺点，在实际应用中，应根据工厂负荷的等级、容量大小和分布情况作具体分析，进行不同方案的技术经济比较后，才能决定选取合理的接线方式。

5.1.3 任务分析与实施

5.1.3.1 任务分析

变配电所的布置：

（1）运行维护和检修；

（2）运行安全；

（3）进出线；

（4）土地和建筑费用；

（5）发展要求。

教学重点及难点：了解变配电所的布置。

5.1.3.2 任务实施

1. 实施地点

生产性实训基地。

2. 器材需求

（1）多媒体设备；

（2）计算机。

3. 实施内容与步骤

（1）变配电所总体布置的要求。

1）便于运行维护和检修。

①有人值班的变电所，一般应设值班室。值班室尽量靠近高低压配电室，且有门直通。如果值班室靠近高压配电室困难时，值班室可经过道或走廊与高压室相通。

②值班室也可以与低压配电室合并，但在放置办公桌的一面，要保证低压配电装置到墙的距离不应小于 3m。

③主变压器应靠近运输方便、交通便利的马路一侧。条件允许时应配套设置独立的工具间和维修室。

④有人值班的独立变电所，宜设有厕所和给排水设施；昼夜值班的变配电室还应设有休息室。

2）保证运行安全。

①变配电所值班室内不得有高压设备。各室的大门都应朝外开。

②高压电容器组应装设在单独的房间内，但数量较少时，可以装设在高压室内。低压电容器组可装设在低压室内，但数量较多时，应装设在单独的房间内。

③油量为 100kg 及以上的变压器应装设在单独的变压器室内。变压器室的大门应朝向马路开（在炎热地区应避免朝西开门）。

④变电所宜单层布置。如果采用双层时注意变压器应设在底层。

⑤所有带电部位间距、距离墙和地的尺寸以及各室维护操作通道的宽度等，均应符合相关规程的安全要求，宜确保安全运行。

⑥建筑应为一级耐火等级。其门窗材料都应是不燃的。

3）便于进出线。

①如果是架空进线，高压配电室宜位于进线侧。

②一般变压器的低压出线通常都采用矩形裸母线，因此变压器的安装位置（变压器室）宜靠近低压配电室。

③低压配电室应靠近其低压出线侧。

4）节约土地和建筑费用。

①值班室可以与低压配电室合并，即适当增大低压配电室面积，放置控制台或值班桌，满足运行值班的需要。

②高压开关柜不多于 6 台时，可与低压配电柜设置在同一房间内，但注意高压柜与低压配电屏的间距不得小于 2m。

③不带可燃性的高、低压配电装置和非油浸电力变压器，可设置在同一房间内（以上设备如果符合 IP3X 防护等级外壳，当环境允许时，可以相互靠近布置在车间内）。

④环境正常的变电所，宜采用露天或半露天变电所。

⑤高、低压电容器柜数量少时，可分别装设在高、低压配电室内。

⑥高压配电所尽量与毗邻的车间变电所合建。

5）适应发展要求。

①变压器室应考虑到有待扩建或更换大一级变压器的可能。

②高低压配电室空间应留有备用开关柜（屏）的位置。

总之，变配电所的形式应根据用电负荷的分布情况和周围环境情况确定。既要考虑变电室的发展和扩建，又不得妨碍车间和工厂的发展。

（2）变配电所总体布置方案示例。

变配电所总体布置方案应因地制宜，合理经济设计。一般应经过几个方案的技术比较，从经济性、安全性和可靠性等方面综合考虑。

图 5-14 是高压配电室及其附设车间变电所的平面图和剖面图，车间配电室中的开关柜为双列

布置，按照 GB150060－1992《3～10kV 高压配电室装置设计规范》规定，操作通道的最小宽度为 2m。本设计取 2.5m，从而使运行和维护更为安全便捷；变压器室的尺寸是按照所装设变压器容量大一级来考虑的，高低压室也都留有裕量，以适应将来变电所增大负荷时，更换更大容量的变压器和增设高低压开关柜的需要。

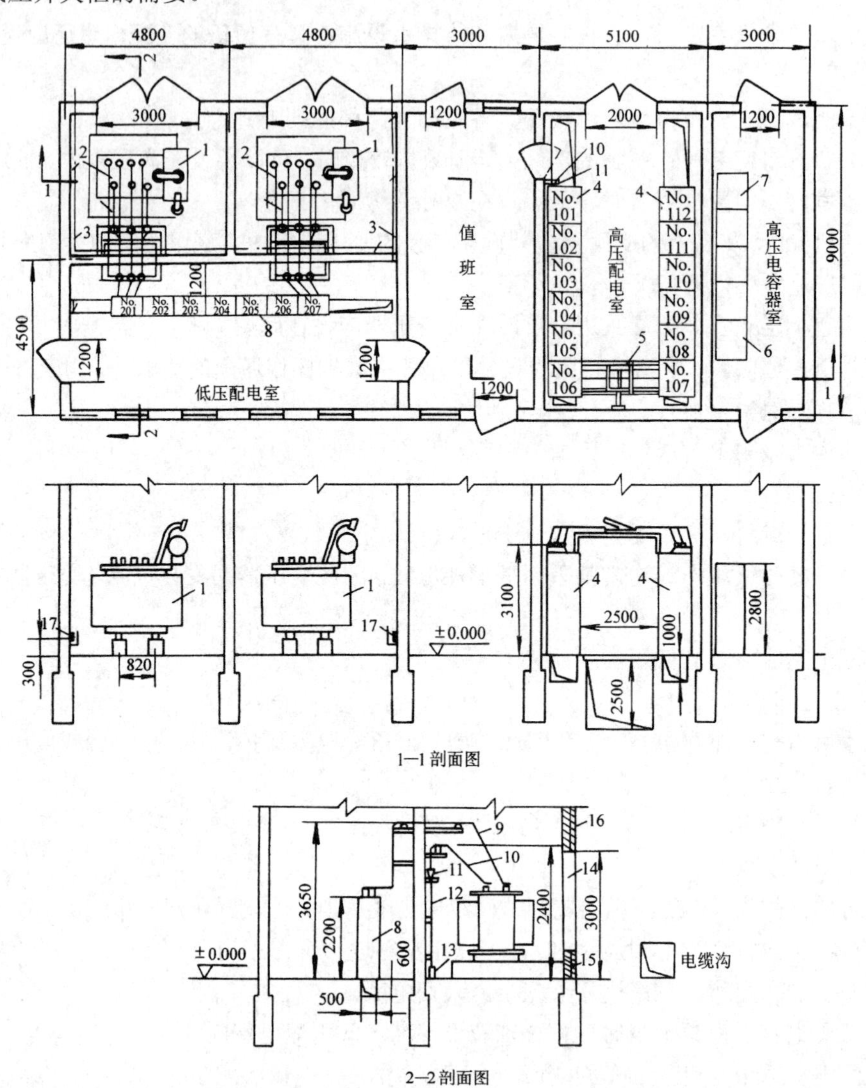

1－S9-800/10 电力变压器；2－PEN 线；3－接地线；4－GG-lA（F）高压柜；5－GN6 型高压隔离柜；6－GR-1 型高压电容器柜；7－GR-1 型电容器放电柜；8－PGL2 型低压配电屏；9－低压母线及支架；10－高压母线及支架；11－电缆头；12－电缆；13－电缆保护管；14－大门；15 进风口；16－出风口；17－接地线及其固定钩

图 5-14　高压配电室及其附设车间变电所的平面图和剖面图

特点是：值班室紧靠高低压配电室，且有门直通，一次运行和维护方便；所有大门都向外开启，保证安全；高低压配电室和变压器室的进出线较便捷；高压电容器室与高压配电室相邻既能方便配线又保证安全。

图 5-15 是某工厂高压配电所与附设车间变电所合建的几种平面布置的方案。

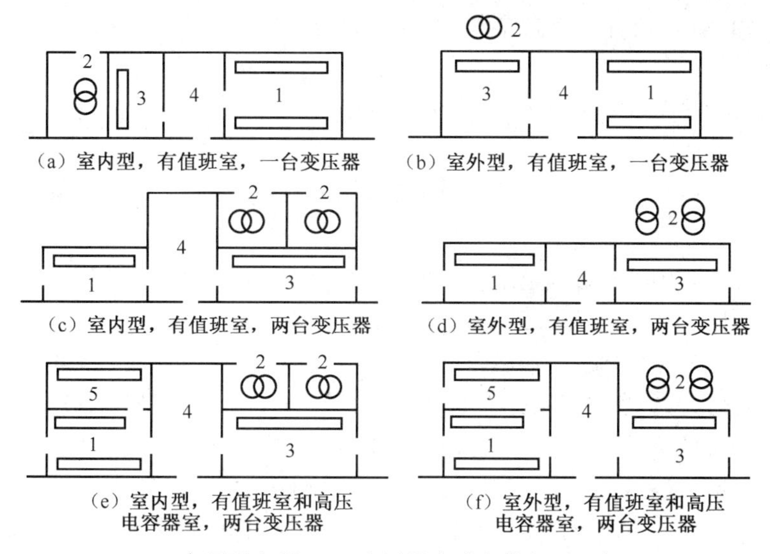

1—高压配电所；2—变压器室或室外变压器台；
3—低压配电宝；4—值班室；5—高压电容器室

图 5-15　某工厂高压配电所与附设车间变电所合建平面布置图

对于不设高压配电室和值班室的车间变电所如图 5-16 所示，可见其平面布置更简单。

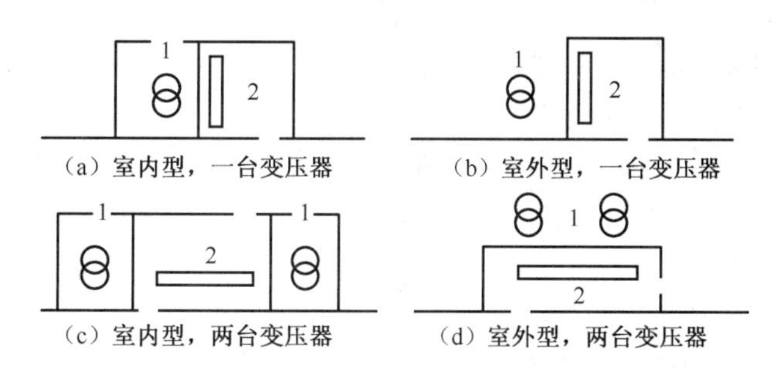

1—变压器室或室外变压器台；2—低压配电室

图 5-16　不设高压配电室和值班室的车间变电所的平面布置图

任务二　变配电所的运行

5.2.1　任务要求

（1）了解变配电所的值班运行制度。
（2）了解电气设备交接试验与验收。
（3）了解值班制度及值班员的职责。
（4）了解变配电所值班的注意事项。

5.2.2　相关知识

做好变电所的运行管理工作，是实现安全、可靠、经济、合理供电的重要保证。因此，变电必须备有与现场实际情况相符合的运行规章制度，交由值班人员学习并严格遵守执行，以确保安全生产。

5.2.2.1 变配电所的值班运行制度

1. 交接班制度

交接班工作必须严肃、认真进行。交接班人员应严格按规定履行交接班手续，具体内容和要求如下：

（1）交班人员应详细填写各项记录，并做好环境卫生工作；遇有操作或工作任务时，应主动为下班做好准备工作。

（2）交班人员应将下列情况做详尽介绍：①所管辖的设备运行方式、变更情况、设备缺陷、事故处理，上级通知及其他有关事项；②工具仪表、备品备件、钥匙等是否齐全完整。

（3）接班人员应认真听取交接内容，核对模拟图板和现场运行方式是否相符。交接完毕，双方应在交接班记录簿上签名。

（4）交接班时，应尽量避免倒闸操作和许可工作。在交接中发生事故或异常运行情况时，须立即停止交接，原则上应由交班人员负责处理，接班人员应主动协助处理。当事故处理告一段落时，再继续办理交接班手续。

（5）若遇接班者有醉酒或精神失常情况时，交班人员应拒绝交接，并迅速报告上级领导，做出适当安排。

2. 巡回检查制度

为了掌握、监视设备运行状况，及时发现异常和缺陷，对所有运行及备用设备，应进行定期和特殊巡视制度，并在实践中不断加以修订改进。

（1）巡视周期。有人值班的变电所每小时巡视一次，无人值班的变电所每四小时至少巡视一次，车间变电所每班巡视一次。特殊巡视按需要进行。

（2）定期巡视项目。

①注油设备油面是否适当，油色是否清晰，有无渗漏。

②瓷绝缘子有无破碎和放电现象。

③各连接点有无过热现象。

④变压器及旋转电机的声音、温度是否正常。

⑤变压器的冷却装置运行是否正常。

⑥电容器有无异声及外壳是否有变形膨胀等现象。

⑦电力电缆终端盒有无渗漏油现象。

⑧各种信号指示是否正常，二次回路的断路器、隔离开关位置是否正确。

⑨继电保护及自动装置压板位置是否正确。

⑩仪表指示是否正常，指针有无弯曲、卡涩现象；电度表有无停走或倒走现象。

⑪直流母线电压及浮充电流是否适当。

⑫蓄电池的液面是否适当，极板颜色是否正常，有无生盐、弯曲、断裂、泡胀及局部短路现象。

⑬设备缺陷有无发展变化。

（3）特殊巡视项目。

①大风来临前，检查周围杂物，防止杂物吹上设备；大风时，注意室外软导线风偏后相间及对地距离是否过小。

②雷电后，检查瓷绝缘有无放电痕迹，避雷器、避雷针是否放电、雷电计数器是否动作。

③在雾、雨、雪等气象时，应注意观察瓷绝缘放电情况。

④重负荷时，检查触头、按头有无过热现象。

⑤发生异常运行情况时，查看电压、电流及继电保护动作情况。

⑥夜间熄灯巡视，检查瓷绝缘有无放电闪络现象、连接点处有无过热发红现象。

（4）巡视时应遵守的安全规定。

①巡视高压配电装置一般应两人一起进行，经考试合格并由单位领导批准的人员允许单独巡视高压设备。巡视配电装置、进出高压室时，必须随手把门关好。

②巡视高压设备时，不得移开或越过遮栏，并不准进行任何操作；若有必要移动遮栏时，必须有监护人在场，并保持下列安全距离：10kV 无遮栏不小于 0.7m；有遮栏不小于 0.35m，35kV 不小于 1.0m。

③高压设备的导电部分发生接地故障时，在室内不得接近故障点 4m 以内，在室外不得接近故障点 8m 以内。进入上述范围的人员必须穿绝缘靴，接触设备的外壳和构架时，应戴绝缘手套。

3. 设备缺陷管理制度

保证设备经常处于良好的技术状态是确保安全运行的重要环节之一。为了全面掌握设备的健康状况，应在发现设备缺陷时，尽快加以消除，努力做到防患于未然。同时，也是为安排设备的检修及试验等工作计划提供依据，必须认真执行以下设备缺陷管理制度。

（1）凡是已投入运行或备用的各个电压等级的电气设备，包括电气一次回路及二次回路设备、防雷装置、通信设备、配电装置构架及房屋建筑，均属设备缺陷管理范围。

（2）按对供、用电安全的威胁程度，缺陷可分为Ⅰ、Ⅱ、Ⅲ三类：Ⅰ类缺陷是紧急缺陷，它是指可能发生人身伤亡、大面积停电、主设备损坏或造成有政治影响的停电事故者，这种缺陷性质严重、情况危急，必须立即处理；Ⅱ类缺陷是重大缺陷，它是指设备尚可继续运行，但情况严重，已影响设备出力，不能满足系统正常运行的需要，或短期内会发生事故，威胁安全运行者；Ⅲ类缺陷为一般缺陷，它性质一般、情况轻微，暂时不危及安全运行，可列入计划进行处理者。

发现缺陷后，应认真分析产生缺陷的原因，并根据其性质和情况予以处理。发现紧急缺陷后，应立即设法停电进行处理。同时，要向本单位电气负责人和供电局调度汇报。发现重大缺陷后，应向电气负责人汇报，尽可能及时处理；如不能立即处理，务必在一星期内安排计划进行处理。发现一般缺陷后，不论其是否影响安全，均应积极处理。对存在困难无法自行处理的缺陷，应向电气负责人汇报，将其纳入计划检修中予以消除。任何缺陷发现和消除后都应及时、正确地记入缺陷记录簿中。缺陷记录的主要内容应包括：设备名称和编号、缺陷主要情况、缺陷分类归属、发现者姓名和日期、处理方案、处理结果、处理者姓名和日期等。电气负责人应定期（每季度或半年）召集有关人员开会，对设备缺陷产生的原因、发展的规律、最佳处理方法及预防措施等进行分析和研究，以不断提高运行管理水平。

4. 变电所的定期试验切换制度

（1）为保证设备的完好性和备用设备在必要时能真正的起到备用作用，必须对备用设备以及直流电源、事故照明、消防设施、备用电源切换装置等，进行定期试验和定期切换使用。

（2）各单位应针对自己的设备情况，制定定期试验切换的项目、要求和周期，并明确执行者和监护人，经领导批准后实施。

（3）对运行设备影响较大的切换试验，应做好事故预想和制订安全对策，并及时将试验切换结果记人专用的记录簿中。

5. 运行分析制度

实践证明，运行分析制度的制定和执行，对提高运行管理水平和安全供、用电起着十分重要的作用。因此，各单位要根据各自的具体情况不断予以修正和完善。

（1）每月或每季度定期召开运行工作分析会议。

（2）运行分析的内容应包括：设备缺陷的原因分析及防范措施；电气主设备和辅助设备所发生的事故（或故障）的原因分析；提出针对性的反事故措施；总结发生缺陷和处理缺陷的先进方法；分析运行方式的安全性、可靠性、灵活性、经济性和合理性；分析继电保护装置动作的灵敏性、准确性和可靠性。

（3）每次运行分析均应做好详细记录备查。

（4）整改措施应限期逐项落实完成。

6. 场地环境管理制度

（1）要坚持文明生产，定期清扫、整理，经常保持场地环境的清洁卫生和整齐美观。

（2）消防设施应固定安放在便于取用的位置。

（3）设备操作通道和巡视走道上必须随时保证畅通无阻，严禁堆放杂物。

（4）控制室、开关室、电容器室、蓄电池室等房屋建筑应定期进行维修，达到“四防一通”一（防火、防雨雪、防汛、防小动物的侵入及保持通风良好）的要求。

（5）电缆沟盖板应完整无缺；电缆沟内应无积水。

（6）室外要经常清除杂草，设备区内严禁栽培高杆或爬藤植物，如因绿化需要则以灌木为宜，而且应经常修剪。

（7）机动车辆（如起重吊车）必须经电气负责人批准后方可驶入变电所区域内。进行作业前落实好安全措施，作业中应始终与设备有电部分保持足够的安全距离，并设专人监护。

5.2.2.2 技术管理

技术管理是变电所管理的一个重要方面。通过技术管理可使运行人员有章可循，并便于积累资料和运行事故分析，有利于提高运行人员的技术管理水平，保证设备安全运行。技术管理应做好以下几项工作。

1. 收集和建立设备档案

①原始资料，如变电所设计书（包括电气和土建设施）、设计产品说明书、验收记录、启动方案和存在的问题。

②一、二次接线及专业资料（包括展开图、屏面布置图、接线图、继电保护装置整定书等）。

③设备台账（包括设备规范和性能等）。

④设备检修报告、试验报告、继电保护检验报告。

⑤绝缘油简化试验报告、色谱分析报告。

⑥负荷资料。

⑦设备缺陷记录及分析资料。

⑧安全记录（包括事故和异常情况记载）。

⑨运行分析记录。

⑩运行工作计划及月报。

⑪设备定期评级资料。

2. 应建立和保存的规程

应保存颁布的《电业安全工作规程》、《变压器运行规程》、《电力电缆运行规程》、《电气设备交接试验规程》、《变电运行规程》和本所的事故处理规程。

3. 应具备的技术图纸

有防雷保护图、接地装置图、土建图、铁件加工图和设备绝缘监督图。

4. 应挂示的图表

应挂示一次系统模拟图、主变压器接头及运行位置图、变电所巡视检查路线图、设备定级及缺陷揭示表、继电保护定值表、变电所季度工作计划表、有权签发工作票人员名单表、设备分工管理表和清洁工作区域划分图。

5. 应有记录簿

应有值班工作日记簿、值班操作记录簿、工作票登记簿、设备缺陷记录簿、电气试验现场记录簿、继电保护工作记录簿、断路器动作记录簿、蓄电池维护记录簿、蓄电池测量记录簿、雷电活动记录簿、上级文件登记及上级指示记录簿、事故及异常情况记录簿、安全情况记录簿和外来人员出入登记簿。

5.2.2.3 电气设备交接试验与验收

对于新建的变电所或新安装和大修后的电气设备，都要按规定进行交接试验，用户单位要与试验部门办理交接验收手续。交接验收的项目有：竣工的工程是否符合设计；工程质量是否符合规定要求；调整试验项目及其结果是否符合电气设备交接试验标准；各项技术资料是否齐全等。

对电气设备进行交接试验，是检验新安装或大修后电气设备性能是否符合有关技术标准的规定，判定新安装的电气设备在运输和安装施工的过程中是否遭受绝缘损伤或其性能是否发生变化，或者判定设备大修后其修理部位的质量是否符合要求。至于正在运行中的电气设备，则按规定周期进行例行的试验，即预防性试验。通过预防性试验可以及时发现电气设备内部隐藏的缺陷，配合检修加以消除，以避免设备绝缘在运行中损坏，造成停电甚至发生严重烧坏设备的事故。

在电气交接试验中，对一次高压设备主要是进行绝缘试验（如绝缘电阻、泄漏电流、绝缘介质的介质损耗正切值（和油中气体色谱分析等试验）和特性试验（如变压器的直流电阻、变比、连接组别以及断路器的接触电阻、分合闸时间和速度特性等试验）；对二次回路主要是对继电保护装置、自动装置及仪表进行试验和绝缘电阻测试。

电气设备的交接试验一般是由电业部门负责，要求符合《电气设备交接试验规程》。

5.2.2.4 值班制度及值班员的职责

变配电所的值班制度主要有轮班制和无人值班制，轮班制通常采取三班轮换的值班制度，即全天分为早、中、晚三班，而值班员则分成三组或四组，轮流值班，全年都不间断。

这种值班制度对于确保变配电所的安全运行有很大好处，这是我国变配电所最普遍采用的一种值班制度。但这种轮班制人力耗用较多。我国有些小型变配电所及大中型工厂的一些车间变电所，则往往采用无人值班制，仅由维修电工或总变配电所的值班电工每天定期巡视检查。

有高压设备的变配电所，为保证安全，一般应至少由两人值班。但当室内高压设备的隔离室设有遮栏且遮栏的高度在 1.7m 以上，安装牢固并加锁，而且室内高压开关的操动机构用墙或金属板与该开关隔离，或装有远方操动机构时，按电力行业标准 DL 408-91《电业安全工作规程》规定，可以由单人值班，但单人值班时不得单独从事修理工作。

在现代智能建筑中，BAS 可以很好地管理和监控变配电系统，一般不在变配电所设专人值班。

1. 配电室值班制度

（1）值班人员要有高度的工作责任心，工作积极负责，自觉遵守劳动纪律，坚守工作岗位，确保安全运行。

（2）值班人员按规定穿戴工作服、工作帽、佩戴工作牌，衣着整齐。

（3）值班人员在当班时间内，不许做与工作无关的事情，不准会客。

（4）变电运行人员必须经过岗位培训考核，《电业安全工作规程》考试合格后，方可正式担任相应职位的值班工作。

（5）值班人员应按时抄表，及时汇报。还应完成组织安排的运行设备维护、技术管理、清洁卫生、安全活动等工作。

（6）配电室应建立年、月、日固定工作周期表。

（7）严格按照《电工安全工作规程》进行高低压设备的操作维护，实行“一人操作，一人监护”制度，严禁违章操作。

（8）确保正常供电，一旦跳闸，需查明原因，10min 内恢复供电。如不能供电，向上级领导汇报并及时贴出通知。因校外原因停电，20min 内利用双回路供电。非正常停电率小于 3%（供电部门及施工停电、不可抗力因素除外）。

（9）值班期间接到维修电话后立即派人检查，服务热线做好维修回访工作，坚持每周巡回检查制度，分片包干，责任到人。

（10）严格执行交接班制度。

2. 配电室巡视检查制度

（1）值班人员必须认真按巡视周期、路线、项目对设备逐台、逐件认真进行巡视，对设备异常状态要做到及时发现、认真分析、正确处理，做好记录并向上级汇报。

（2）凡是运行、备用或停用的设备，不论是否带有电压，都应同运行设备一样进行定期巡视和维护。

（3）巡视时，在安全的情况下，做到用眼看、耳听、鼻嗅，确切掌握设备运行情况。

（4）值班人员进行巡视后，应将巡视时间、范围、异常情况记录在值班记录中。

（5）单人巡视设备时应遵守《电业安全工作规程》、《发电厂和变电所电气部分》有关规定。

（6）用电高峰期间，应巡视低压总柜总电流及大负荷设备情况，高压柜电流及设备情况，变压器温升是否在正常范围内（0～80℃），做到勤观察、勤记录，有异常情况及时上报并采取相应措施。

（7）各级领导及负责人巡视工作，应将巡视中发现的问题及时处理，并记入值班记录中。

3. 配电室操作规程

（1）送电操作的一般程序。

①检查设备上装设的各种临时安全措施和接地线确已安全拆除。

②检查有关的信号和指示灯、仪表是否正确。

③检查断路器确在分闸位置，手车在试验位置。

④把手车摇至运行位置，储能正常。

⑤合上断路器，送电后负荷开关、电压应正常。

（2）停电操作的一般程序。

①检查有关电计指示是否允许拉闸。

②断开断路器并检查断路器在断开位置。

③手车摇至试验位置。

④取下控制保险。

4. 配电室防火制度

（1）值班室禁止焚烧各种杂物，如需进行焊接作业时，必须有人监督和采取必要的防护措施。

（2）设备区禁止乱掷烟火，禁放易燃、易爆等物品。

（3）水暖电炉导线不得超过容量，并保持接触良好。

（4）高低压室内禁止存放汽油、橡胶水等易燃物品。

（5）应保持电缆的清洁。

（6）施工打开的电缆孔应及时封堵，盖板严密完好，禁止承受重物。

（7）系统异常运行时，加强巡视，防止击穿、过载等导致火灾的因素。

（8）定期检查高压区、低压区、变压器室内消防设备，配备专用灭火器等消防用具，并检查其完好情况。自调班，如确有需要，经批准后方可调班，并记录在册。

5. 操作票制度

（1）倒闸操作必须由两人执行，操作票应有操作人认真填写操作票，经操作票签发人审核签字后，再在模拟图板上进行校验，正确无误后执行。

（2）倒闸操作时应认真执行监护复读制度，若发生疑问应立即停止操作，报告负责人，弄清楚后再执行。

（3）停电拉闸操作必须按照开关、负荷侧刀闸、母线侧刀闸顺序依次进行，送电合闸顺序与此相反，严禁带负荷拉刀闸。

（4）执行完的操作票，应注明“已执行”字样。作废的注明“作废”。由操作票负责人保存三个月。

（5）全部操作完后，应立即进行复查，观察设备的运行情况，保证设备安全运行。

6. 变配电值班长的职责

（1）值班长必须熟悉和掌握电气安全规程、现场和调度等规程，熟悉变配电设备和保护的工作原理和性能。

（2）应领导全班人员认真学习政治，开展批评与自我批评，搞好团结，组织全班人员学习技术业务，学习各种规章制度，大练基本功，开展“百日无事故”、“千次操作无差错”等社会主义劳动竞赛。搞好全班人员的政治水平和技术业务管理水平，实现变电所安全经济供电。

（3）应按上级布置的工作任务，组织全班人员定制好月度生产工作计划，编制好月生产工作计划、培训计划。经主管部门批准后予以贯彻执行。

（4）班长在值班中要履行值班员的职责，配电所有重大操作或重大事故时，班长可亲自进行指挥和处理，事后应组织全班人员进行分析，找出原因与对策后，报送上级领导。

（5）做好全班人员考勤、生活管理等行政工作。

7. 变配电所值班员的职责

（1）遵守变配电所值班工作制度，坚守工作岗位，做好变配电所的安全保卫工作，确保变配电所的安全运行。

（2）积极钻研本职工作，认真学习和贯彻有关规程，熟悉变配电所的二次系统的接线以及设备的安装位置、结构性能、操作要求和维护保养方法等，掌握安全工具和消防器材的使用方法及触电急救法，了解变配电所现在的运行方式、负荷情况及负荷调整、电压调节等措施。

（3）监视所内各种设施的运行情况，定期巡视检查，按照规定抄报各种运行数据、记录运行日志。发现设备缺陷和运行不正常时，及时处理，并做好有关记录，以备查考。

（4）按上级调度命令进行操作，发生事故时进行紧急处理，并做好有关记录，以备查考。

（5）保管所内各种资料图表、工具仪器和消防器材等，并做好和保持所内设备和环境的清洁卫生。

（6）按规定进行交接班。值班员未办完交接手续时，不得擅离岗位。在处理事故时，一般不得交接班。接班的值班员可在当班的值班员要求和主持下，协助处理事故。如事故一时难以处理完毕，在征得接班的值班员同意或上级同意后，可进行交接班。

5.2.2.5　变配电所值班注意事项

（1）不论高压设备带电与否，值班员不得单独移开或跨越高压设备的遮栏进行工作。如有必要移开遮栏时，须有监护人在场，并符合 DL 408-91《电业安全工作规程》规定的设备不停电时的安全距离。10kV 及以下，安全距离为 0.7m；20～35kV，安全距离为 1m。

（2）雷雨天巡视室外高压设备时，应穿绝缘靴，并且不得靠近避雷针和避雷器。

（3）设备发生接地时，室内不得接近故障点 4m 以内，室外不得接近故障点 8m 以内。进入上述范围的人员必须穿绝缘靴，接触设备的外壳和构架时，应戴绝缘手套。

5.2.3　任务分析与实施

5.2.3.1　任务分析

（1）倒闸操作票的使用；

（2）执行操作票的使用。

教学重点及难点：低压断路器的的安装、运行维护。

5.2.3.2　任务实施

1. 实施地点

生产性实训基地。

2. 器材需求

（1）多媒体设备；

（2）计算机。

3. 实施内容与步骤

（1）倒闸操作票的作用。

填写操作票是进行具体操作的依据，它把经过深思熟虑制订的操作项目记录下来，从而根据操作票面上填写的内容依次进行有条不紊的操作。

（2）操作票的使用范围。

根据值班调度员或值班长命令，需要将某些电气设备以一种运行状态转变为另一种运行状态或事故处理等；根据工作票上的工作内容的要求，所做安全措施的倒闸操作。所有电气设备的倒闸操作均应使用操作票。但在以下特定情况下可不用操作票，操作后必须记入运行日志并及时向调度汇报。

①事故处理；

②拉合断路器的单一操作；

③拉开接地隔离开关或拆除全厂（所）仅有的一组接地线；

④同时拉、合几路断路器的限电操作。

（3）执行操作票的程序。

①预发命令和接收任务；

②填写操作票；

③审核批准；

④考问和预想；

⑤正式接受操作命令；

⑥模拟预演；

⑦操作前准备；

⑧核对设备；

⑨高声唱票实施操作；

⑩检查设备、监护人逐项勾票；

⑪操作汇报，做好记录。

（4）操作票填写的有关原则与举例。

1）变压器倒闸操作票的填写。

①变压器投入运行时，应选择励磁涌流影响较小的一侧送电，一般先从电源侧充电，后合上负荷侧断路器。

②向空载变压器充电时，应注意如下几点：

a．充电断路器应有完备的继电保护，并保证有足够的灵敏度，同时应考虑励磁涌流对系统继电保护的影响。

b．大电流直接接地系统的中性点接地隔离开关应合上（对中性点为半绝缘的变压器，则中性点更应接地）。

c．检查电源电压，使充电后变压器各侧电压不超过其相应分接头电压的5%。

③运行中的变压器，其中性点接地的数目及地点，应按继电保护的要求设置。

④运行中的双绕组或三绕组变压器，若属直接接地系统，则该侧中性点接地隔离开关应合上。

⑤运行中的变压器中性点接地隔离开关如需倒换，则应先合上另一台变压器的中性点接地隔离开关，再拉开原来一台变压器的中性点接地隔离开关。

⑥110kV及以上变压器处于热备用状态时（开关一经合上，变压器即可带电）其中性点接地隔离开关应合上。

⑦新投产或大修后的变压器在投入运行时应进行定相，有条件者应尽可能采用零起升压。对可能构成环路运行者应进行核相。

⑧变压器新投入或大修后投入，操作送电前应考虑除应遵守倒闸操作的基本要求外，还应注意以下问题：对变压器外部进行检查；摇测绝缘电阻；对冷却系统进行检查及试验；对有载调压装置进行传动；对变压器进行全电压冲击合闸3～5次，若无异常即可投入运行。

⑨变压器停送电操作时的一般要求。

a．变压器停电时的要求：应将变压器中性接地点及消弧线圈倒出。变压器停电后，其重瓦斯保护动作可能引起其他运行设备跳闸时，应将连接片由跳闸改为信号。

b．变压器送电时的要求：送电前应将变压器中性点接地。由电源侧充电，负荷侧并列。

c．对强油循环冷却的变压器，不启动潜油泵不准投入运行。变压器送电后，即使是处在空载也应按厂家规定启动一定数量潜油泵，保持油路循环，使变压器得到冷却。

⑩三绕组升压变压器高压侧停电操作。

a．合上该变压器高压侧中性点接地隔离开关。保证高压侧断路器拉开后，变压器该侧发生单相短路时，差动保护、零序电流保护能够动作。

b．拉开高压侧断路器。

c．断开零序过流保护，跳其他主变压器的跳闸连接片。

d．断开高压侧低电压闭锁连接片（因主变压器过流保护一般采用高、低两侧电压闭锁）。避免主变压器过负荷时过流保护误动。

2）线路倒闸操作票的填写及有关规定。

线路倒闸操作票分为两类：一类是断路器检修；另一类是线路检修。

①断路器检修操作票的填写。

②线路检修操作票的填写。

③新线路送电应注意的问题除应遵守倒闸操作的基本要求外，还应注意：

a．双电源线路或双回线在并列或合环前应经过定相。

b．分别来自两母线电压互感器的二次电压回路也应定相。

c．配合专业人员，对继电保护自动装置进行检查和试验。

d．线路第一次送电应进行全电压冲击合闸，其目的是利用操作过电压来检验线路的绝缘水平。

④线路重合闸的停用。一般在下列情况下将线路重合闸停用：

a．系统短路容量增加，断路器的开断能力满足不了一次重合的要求。

b．断路器事故跳闸次数已接近规定，若重合闸投入，重合失败，跳闸次数将超过规定。

c．设备不正常或检修，影响重合闸动作。

d．重合闸临时处理缺陷。

e．线路断路器跳闸后进行试送或线路上有带电作业。

⑤投入和停用低频率减载装置电源时应注意：投入和停用低频率减载装置，瞬时有一反作用力矩，能将触点瞬时接通，因直流存在，可能使继电器误动。所以投入时先合交流电源，进行预热并检查触点应分开，然后再合直流电源；停用时先停直流电源后停交流电源。

3）系统并列操作。

①应用手动准同期装置并列前的检查及准备。

a．检查中央同期开关，手动准同期开关均在断开位置。

b．并列点断路器在断开位置。

c．母线电压互感器及待并列电压互感器回路熔断器应完好。

d．投入并列点断路器两侧的隔离开关。

e．停用并列点断路器的重合闸连接片。

②操作步骤。

a．合上手动同期开关。

b．中央同期开关在粗略同期位置，检查双方电压及频率，向调度汇报（一般情况下电压允许相差不超过 10%～15%，两者频率相差不得大于 0.5Hz）。

c．将中央同期开关切至准确同期位置，整步表开始转动。

d．当整步表以缓慢的速度顺时针转动时可准备并列，待指针缓慢趋于同期点时，操作人员即可合闸。

e．合闸成功后，断开中央同期开关及手动同期开关，立即向调度汇报。并列后如表针摆动过大，1～2min 内不能消除即进行解列。

4）电气设备运行中的几种工作状态。

①运行状态是指某回路中的一次设备（隔离开关和断路器）均处于合闸位置，电源至受电端的电路得以接通而呈运行状态。

②热备用状态是指某回路中的断路器已断开，而隔离开关仍处于合闸位置。

③冷备用状态是指某回路中的断路器及隔离开关均处于断开位置。

④检修状态是指某回路中的断路器及隔离开关均已断开，同时按照保证安全的技术措施的规定悬挂了临时接地线（或合上了接地刀闸），并悬挂标示牌和装设好临时遮栏，处于停电检修的状态。

5）倒闸操作定义。

倒闸操作就是将电气设备由一种状态转换到另一种状态，即接通或断开断路器、隔离开关、直流操作回路、推入或拉出小车断路器、投入或退出继电保护、给上或取下二次插件以及安装和拆除临时接地线等操作。

6）倒闸操作的基本安全技术要求。

①倒闸操作应由两人进行，一人操作，一人监护。

②重要的或复杂的倒闸操作，值班人员操作时，应由值班负责人监护。

③倒闸操作前，应根据操作票的顺序在模拟板上进行核对性操作。操作时，应先核对设备名称、编号，并检查断路设备或隔离开关的原拉、合位置与操作票所写的是否相符。操作中，应认真监护、复诵，每操作完一步即应由监护人在操作项目前划“√”。

④操作中发生疑问时，必须向调度员或电气负责人报告，弄清楚后再进行操作。不准擅自更改操作票。

⑤操作电气设备的人员与带电导体应保持规定的安全距离，同时应穿防护工作服和绝缘靴，并根据操作任务采取相应的安全措施。

⑥在封闭式配电装置进行操作时，对开关设备每一项操作均应检查其位置指示装置是否正确，发现位置指示有错误或怀疑时，应立即停止操作，查明原因排除故障后方可继续操作。

⑦停送电操作顺序要求。

a．送电时应从电源侧逐向负荷侧，即先合电源侧的开关设备，后合负荷侧的开关设备。

b．停电时应从负荷侧逐向电源侧，即先拉负荷侧的开关设备，后拉电源侧的开关设备。

c．严禁带负荷拉合隔离开关，停电操作应先分断断路器，后分断隔离开关，先断负荷侧隔离开关，后断电源侧隔离开关的顺序进行，送电操作的顺序与此相反。

d．变压器两侧断路器的操作顺序规定如下：停电时，先停负荷侧断路器，后停电源侧断路器；送电时顺序相反。变压器并列操作中应先并合电源侧断路器，后并合负荷侧断路器；解列操作顺序相反。

⑧双路电源供电的非调度户用户，严禁并路倒闸。

⑨倒闸操作中，应注意防止通过电压互感器、所用变压器、微机、UPS 等电源的二次侧返送电源到高压侧。

⑩下列操作项目应填入操作票内：应分合的断路器和隔离开关；断路器小车的拉出、推入；检查断路器和隔离开关的分合位置、带电显示装置指示；验电；装设、拆除临时接地线；检查接地线是否拆除；检查负荷分配；安装和拆除遥控回路、电压互感器回路的操作件，投入或解除自投装置，切换保护回路和检验是否有电压等。

附录一

10kV 及以下变电所设计规范

(code for design of 10kV & under electric substation) GB 50053－1994

第一章　总则

第 1.0.1 条 为使变电所设计做到保障人身安全、供电可靠、技术先进、经济合理和维护方便，确保质量，制订本规范。

第 1.0.2 条 本规范适用于交流电压 10kV 及以下新建、扩建或改建工程的变电所设计。

第 1.0.3 条 变电所设计应根据工程特点、规模和发展规划，正确处理近期建设和远期发展的关系，远近结合，以近期为主，适当考虑发展的可能。

第 1.0.4 条 变电所设计应根据负荷性质，用电容量、工程特点、所址选择、地区供电条件和节约电能等因素，合理确定设计方案。

第 1.0.5 条 变电所设计采用的设备和器材，应符合国家或行业的产品技术标准，应优先选用技术先进、经济适用和节能的成套设备和定型产品，不得采用淘汰产品。

第 1.0.6 条 10kV 及以下变电所的设计，除应执行本规范的规定外，还应符合国家现行的有关设计标准和规范的规定。

第二章　所址选择

第 2.0.1 条 变电所位置的选择，应根据下列要求经技术、经济比较确定：

（1）接近负荷中心；

（2）进出线方便；

（3）接近电源侧；

（4）设备运输方便；

（5）不应设在有剧烈振动或高温的场所；

（6）不宜设在多尘或腐蚀性气体的场所，当无法远离时，不应设在污染源盛行风向的下风侧

（7）不应设在厕所、浴室或其他经常积水场所的正下方，且不宜与上述场所相贴邻；

（8）不应设在有爆炸危险环境的正上方或正下方，且不宜设在有火灾危险环境的正上方或正下方，当与有爆炸或火灾危险环境的建筑物毗连时，应符合现行的国家标准《爆炸和火灾危险环境电力装置设计规范》的规定；

（9）不应设在地势低洼和可能积水的场所。

第 2.0.2 条 装有可燃性油寝电力变压器的车间内变电所，不应设在三、四级耐火等级的建筑物内；当设在二级耐火等级的建筑物内时，建筑物应采取局部防火措施。

第 2.0.3 条 多层建筑物中，装有可燃性油的电气设备的配电所、变电所应设置在底层靠外墙部位，且不应设在人员密集场所的正上方、正下方、贴邻和疏散出口的两旁。

第 2.0.4 条 高层主体建筑内不宜设置装有可燃性油的电气设备的配电所和变电所，当受条件限制必须设置时，应设在底层靠外墙部位，且不应设在人员密集场所的正上方、正下方、贴邻和疏散出口的两旁，并应按现行国家标准《高层民用建筑设计防火规范》有关规定，采取相应的防火措施。

第 2.0.5 条 露天或半露天的变电所，不应设置在下列场所：

（1）有腐蚀性气体的场所；

（2）挑檐为燃烧体或难燃体和耐火等级为四级的建筑物旁；

（3）附近有棉、粮及其他易燃、易爆物品集中的露天堆场；

（4）容易沉积可燃粉尘、可燃纤维、灰尘或导电尘埃且严重影响变压器安全运行的场所。

第 2.0.6 条 二级负荷的供电系统，宜由两回线路供电。在负荷较小或地区供电条件困难时，二级负荷可由一回 6kV 及以上专用的架空线路或电缆供电。当采用架空线时，可为一回架空线供电；当采用电缆线路时，应采用两根电缆组成的线路供电，其每根电缆应能承受 100%的二级负荷。

第三章　电气部分

第一节　一般规定

第 3.1.1 条 配电装置的布置和导体、电器、架构的选择，应符合正常运行、检修、短路和过电压等情况的要求。

第 3.1.2 条 配电装置各回路的相序排列应一致，硬导体应涂刷相色油漆或相色标志。色相应为 L1 相黄色，L2 相绿色，L3 相红色。

第 3.1.3 条 海拔超过 1000m 的地区，配电装置应选择适用于该海拔高度的电器和电瓷产品，其外部绝缘的冲击和工频实验电压，应符合现行国家标准《高压电气设备绝缘试验电压和试验方法》的有关规定。

第 3.1.4 条 高压电器用于海拔超过 1000m 的地区时，导体载流量可不计其影响。

第 3.1.5 条 电器设备外露可导电部分，必须与接地装置有可靠的电气连接。成排的配电装置的两端均应与接地线相连。

第二节 主接线

第 3.2.1 条 配电所、变电所的高压及低压母线宜采用单母线或分段单母线接线。当供电连续性要求很高时，高压母线可采用分段单母线带旁路母线或双母线的连接。

第 3.2.2 条 配电所专用电源线的进线开关宜采用断路器或带熔断器的负荷开关。当无继电保护和自动装置要求，且出线回路少无须带负荷操作时，可采用隔离开关或隔离触头。

第 3.2.3 条 从总配电所以放射式向分配电所供电时，该分配电所的电源进线开关宜采用隔离开关或隔离触头。

第 3.2.4 条 当分配电所带负荷操作或继电保护、自动装置有要求时，应采用断路器。

第 3.2.5 条 配电所的 10kV 或 6kV 非专用电源线的进线侧，应装设带保护的开关设备。

第 3.2.6 条 10kV 或 6kV 母线的分段处宜装设断路器，当不需要带负荷操作且无继电保护和自动装置要求时，可装设隔离开关或隔离触头。

第 3.2.7 条 两配电所之间的联络线，应在供电侧的配电所装设断路器，另侧装设隔离开关或负荷开关；当两侧的供电可能性相同时，应在两侧均装设断路器。

第 3.2.8 条 配电所的引出线宜设断路器。当满足继电保护和操作要求时，可装设带熔断器的负荷开关。

第 3.2.9 条 向频繁操作的高压用电设备供电的出线开关兼做操作开关时，应采用频繁操作的断路器。

第 3.2.10 条 10kV 或 6kV 固定式配电装置的出线侧，在架空出线回路或有反馈可能的电缆出线回路中，应装设线路隔离开关。

第 3.2.11 条 采用 10kV 或 6kV 熔断器负荷开关固定式配电装置时，应在电源侧装设隔离开关。

第 3.2.12 条 接在母线上的避雷器和电压互感器，宜合用一组隔离开关。配电所、变电所架空线、出线上的避雷器回路中，可不装设隔离开关。

第 3.2.13 条 由地区电网供电的配电所电源进线处，宜装设供计费用的专用电压、电流互感器。

第 3.2.14 条 变压器一次侧开关的装设，应符合下列规定：

（1）以树干式供电时，应装设带保护的开关设备或跌落式熔断器。

（2）以放射式供电时，宜装设隔离开关或负荷开关。当变压器在本配电所内时，可不装设开关。

第 3.2.15 条 变压器二次侧电压为 6kV 或 3kV 的总开关，可采用隔离开关或隔离触头。当属下列情况之一时，应采用断路器：

（1）出线回路较多；

（2）有并列运行要求；

（3）有继电保护和自动装置要求。

第 3.2.16 条 变压器低压侧电压为 0.4kV 的总开关，宜采用低压断路器或隔离开关。当有继电保护或自动切换电源要求时，低压侧总开关和母线分段开关应采用低压断路器。

第 3.2.17 条 当低压母线为双电源，变压器低压侧总开关和母线分段开关采用低压断路器时，在总开关的出线侧及母线分段开关的两侧，宜装设刀开关或隔离触头。

第三节 变压器选择

第 3.3.1 条 变压器台数应根据负荷特点和经济运行进行选择。当符合下列条件之一时，宜装设两台及以上变压器。

（1）有大量一级或二级负荷；

（2）季节性负荷变化较大；

（3）集中负荷较大。

第 3.3.2 条 装有两台及以上变压器的变电所，当其中一台变压器断开时，其余变压器的容量应满足一级负荷及二级负荷的用电。

第 3.3.3 条 变电所中单台变压器（低压为 0.4kV）的容量不宜大于 1250kVA。当用电设备容量较大、负荷集中且运行合理时，可选用较大容量的变压器。

第 3.3.4 条 在一般情况下，动力和照明宜共用变压器。当属下列情况之一时，可设专用变压器：

（1）当照明负荷较大或动力和照明采用共用变压器严重影响照明质量及灯泡寿命时，可设照明专用变压器；

（2）单台单相负荷较大时，宜设单相变压器；

（3）冲击性负荷较大，严重影响电能质量时，可设冲击负荷专用变压器；

（4）在电源系统不接地或经阻抗接地，电气装置外露导电体就地接地系统（IT 系统）的低压电网中，照明负荷应设专用变压器。

第 3.3.5 条 多层或高层主体建筑内变电所，宜选用不燃或难燃型变压器。

第 3.3.5 条 在多尘或有腐蚀性气体严重影响变压器安全运行的场所，应选用防尘或防腐蚀型变压器。

第四节 所用电源

第 3.4.1 条 配电所所用电源宜引自就近的配电变压器 220/380V 侧。重要或规模较大的配电所，宜设所用变压器。柜内所用可燃油油寝变压器的油量应小于 100kg。

第 3.4.2 条 当有两回路所用电源时，宜装设备用电源自动投入装置。

第 3.4.3 条 采用交流操作时，供操作、控制、保护、信号等的所用电源，可引自电压互感器。

第 3.4.4 条 当电磁操作机构采用硅整流合闸时，宜设两回路所用电源，其中一路应引自接在电源进线断路器前面的所用变压器。

第五节 操作电源

第 3.5.1 条 供一级负荷的配电所或大型配电所，当装有电磁操作机构的断路器时，应采用 220V 或 110V 蓄电池组作为合、分闸直流操作电源；当装有弹簧储能操作机构的断路器时，宜采用小容量镉镍电池装置作为合、分闸操作电源。

第 3.5.2 条 中型配电所当装有电磁操作机构的断路器时，合闸电源宜采用硅整流，分闸电源可采用小容量镉镍电池装置或电容储能。对重要负荷供电时，合、分闸电源宜采用镉镍电池装置。

第 3.5.3 条 当装有弹簧储能操作机构的断路器时，宜采用小容量镉镍电池装置或电容储能式硅整流装置作为合、分闸操作电源。

第 3.5.4 条 采用硅整流作为电磁操动机构合闸电源时，应校核该整流合闸电源能保证断路器在事故情况下可靠合闸。

第 3.5.5 条 小型配电所宜采用弹簧储能操作机构合闸和去分流分闸的全交流操作。

第四章　配变电装置

第一节　型式与布置

第 4.1.1 条 变电所的型式应根据用电负荷的状况和周围环境情况确定，应符合下列规定：

（1）负荷较大的车间和站房，宜设附设变电所或半露天变电所。

（2）负荷较大的多跨厂房，负荷中心在厂房的中部且环境许可时，宜设车间内变电所或组合式成套变电站。

（3）高层或大型民用建筑内，宜设室内变电所或组合式成套变电站；

（4）负荷小而分散的工业企业和大中城市的居民区，宜设独立变电所，有条件时也可设附设变电所或户外箱式变电站；

（5）环境允许的中小城镇居民区和工厂的生活区，当变压器容量在 315kVA 及以下时，宜设杆上式或高台式变电所。

第 4.1.2 条 带可燃性油的高压配电装置，宜装设在单独的高压配电室内，当高压开关柜的数量为 6 台及以下时，可与低压配电屏设置在同一房间内。

第 4.1.3 条 不带可燃性油的高、低压配电装置和非油寝的电力变压器，可设置在同一房间内。

第 4.1.4 条 具有符合 IP3X 的防护等级外壳的不带可燃性油的高、低压配电装置和非油寝的电力变压器，当环境允许时，可相互靠近布置在车间内。

注：IP3X 防护要求应符合现行国家标准《低压电器外壳防护等级》的规定，能防止大于 7.5mm 的固体异物进入壳内。

第 4.1.5 条 室内变电所的每台油量为 100kg 及以上的三相变压器，应设在单独的变压器室内。

第 4.1.6 条 在同一配电室内单列布置高、低压配电装置时，当高压开关柜或低压配电屏定面有裸露带电导体时，两者之间的净距不应小于 2m；当高压开关柜和低压配电屏的顶面封闭外壳防护等级符合 IP2X 级时，两者可靠近布置。

注：IP2X 防护要求应符合现行国家标准《低压电器外壳防护等级》的规定，能防止大于 12mm 的固体异物进入壳内。

第 4.1.7 条 有人值班的配电所，应设单独的值班室。当低压配电室兼作值班室时，低压配电室面积应适当增大。

第 4.1.8 条 高压配电室与值班室应直通或经过通道相通，值班室应有直接通向户外或通向走道的门。

第 4.1.9 条 变电所宜单层布置。当采用双层布置时，变压器应设在底层。设于二层的配电室应设搬运设备的通道、平台和孔洞。

第 4.1.10 条 高（低）压配电室，宜留有适当数量配电装置的备有位置。

第 4.1.11 条 高压配电装置的柜顶为裸母线分段时，两段母线分段处宜装设绝缘隔板，其高度不应小于 0.3 米。

第 4.1.12 条 由同一配电所供给一级负荷用电时，母线分段处应设防火隔板或有门洞的隔墙。供给一级负荷用电的两路电缆不应通过同一电缆沟，当无法分开时，该电缆沟内的两路电缆应采用阻燃电缆，且应分别敷设在电缆沟两侧的支架上。

第 4.1.13 条 户外箱式变电站和组合式成套变电站的进出线宜采用电缆。

第 4.1.14 条 配电所宜设辅助生产用房。

第二节 通道与围栏

第 4.2.1 条 室内、外配电装置的最小电气安全净距，应符合表 4-1 的规定。

表 4-1 室内、外配电装置的最小电气安全净距（mm）

符号	适用范围	场所	额定电压（KV）			
			<0.5	3	6	10
	无遮挡裸带电部分至地（楼）面之间	室内	屏前 2500 屏后 2300	2500	2500	2500
		室外	2500	2700	2700	2700
	有 IP2X 防护等级遮拦的通道净高	室内	1900	1900	1900	1900
A	裸带电部分至接地部分和不同相的裸带电部分之间	室内	20	75	100	125
		室外	75	200	200	200
B	距地(楼)面 2500mm 以下裸带电部分的遮拦防护等级为 IP2X 时，裸带电部分与遮护物间水平净距	室内	100	175	200	225
		室外	175	300	300	300
	不同时停电检修的无遮拦裸导体之间的水平距离	室内	1875	1875	1900	1925
		室外	2000	2200	2200	2200
	裸带电部分至无孔固定遮拦	室内	50	105	130	155
C	裸带电部分至用钥匙或工具才能打开或拆卸的栅栏	室内	800	825	850	875
		室外	825	950	950	950
	低压母排引出线或高压引出线的套管至屋外人行通道地面	室外	3650	4000	4000	4000

注：海拔高度超过 1000m 时，表中符号 A 项数值应按每升高 100m 增大 1%进行修正。B、C 两项数值应相应加上 A 项的修正值。

第 4.2.2 条 露天或半露天变电所的变压器四周应设不低于 1.7m 高的固定围栏（墙）。变压器外廓与围栏（墙）的净距不应小于 0.8m，变压器底部距地面不应小于 0.3m，相邻变压器外廓之间的净距不应小于 1.5m。

第 4.2.3 条 当露天或半露天变压器供给一级负荷用电时，相邻的可燃油油寝变压器的防火净距不应小于 5m，若小于 5m 时，应设防火墙。防火墙应高出油枕顶部，且墙两端应大于挡油设施各 0.5m。

第 4.2.4 条 可燃油油寝变压器外廓与变压器室墙壁和门的最小净距，应符合表 4-2 的规定。

第 4.2.5 条 设置于变电所内的非封闭式干式变压器，应装设高度不低于 1.7m 的固定遮拦，遮拦网孔不应大于 40mm×40mm。变压器的外廓与遮拦的净距不宜小于 0.6m，变压器之间的净距不应小于 1.0m。

表 4-2 可燃油油浸变压器外廓与变压器室墙壁和门的最小净距（mm）

变压器容量（kVA）	100～1000	1250 及以上
变压器外廓与后壁、侧壁净距	600	800
变压器外廓与门净距	800	1000

第 4.2.6 条 配电装置的长度大于 6m 时，其柜（屏）后通道应设两个出口，低压配电装置两个出口间的距离超过 15m 时，还应增加出口。

第 4.2.7 条 高压配电室内各种通道最小宽度，应符合表 4-3 的规定。

表 4-3 高压配电室内各种通道最小宽度（mm）

开关柜布置方式	柜后维护通道	柜前操作通道	
		固定式	手车式
单排布置	800	1500	单车长度+1200
双排面对面布置	800	2000	双车长度+900
双排背对背布置	1000	1500	单车长度+1200

注：①固定式开关柜为靠墙布置时，柜后与墙净距应大于 50mm，侧面与墙净距应大于 200mm；②通道宽度在建筑物的墙面遇有柱类局部凸出时，凸出部位的通道宽度可减少 200mm。

第 4.2.8 条 当电源从柜（屏）后进线且需在柜（屏）正背后墙上另设隔离开关及其手动操作机构时，柜（屏）后通道净宽不应小于 1.5m，当柜（屏）背面的防护等级为 IP2X 时，可减少为 1.3m。

第 4.2.9 条 低压配电室内成排布置的配电屏，其屏前、屏后的通道最小宽度，应符合表 4-4 的规定。

表 4-4 配电屏前、后的通道最小宽度（mm）

型式	布置方式	屏前通道	屏后通道
固定式	单排布置	1500	1000
	双排面对面布置	2000	1000
	双排背对背布置	1500	1500
抽屉式	单排布置	1800	1000
	双排面对面布置	2300	1000
	双排背对背布置	1800	1000

注：当建筑物墙面遇有柱类局部凸出时，凸出部位的通道宽度可减少 200mm。

第五章 并联电容器装置

第一节 一般规定

第 5.1.1 条 本章适用于电压为 10kV 及以下作并联补偿用的电力电容器装置的设计。

第 5.1.2 条 电容器装置的开关设备及导体等载流部分的长期允许电流，高压电容器不应小于电容器额定电流的 1.35 倍，低压电容器不应小于电容器额定电流的 1.5 倍。

第 5.1.3 条 电容器组应装设放电装置，使用电容器组两端的电压从峰值（1.414 倍额定电压）降至 50V 所需的时间，高压电容器不应大于 5min；低压电容器不应大于 1min。

第二节 电气接线及附属装置

第 5.2.1 条 高压电容器组宜接成中性点不接地星形，容量较小时宜接成三角形。低压电容器组接成三角形。

第 5.2.2 条 高压电容器组应直接与放电装置连接，中间不应设置开关或熔断器。低压电容器组和放电设备之间，可设自动接通的接点。

第 5.2.3 条 电容器组应装设单独的控制和保护装置，当电容器组为提高单台用电设备功率因数时，可与该设备共用控制和保护装置。

第 5.2.4 条 单台高压电容器应设置专用熔断器作为电容器内部故障保护，熔丝额定电流宜为电容器额定电流的 1.5～2.0 倍。

第 5.2.5 条 当电容器装置附近有高次谐波含量超过规定允许值时，应在回路中设置抑制谐波的串连电抗器。

第 5.2.6 条 电容器的额定电压与电力网的标称电压相同时，应将电容器的外壳和支架接地。当电容器的额定电压低于电力网的标称电压时，应将每相电容器的支架绝缘，其绝缘等级应和电力网的标称电压相配合。

第三节 布置

第 5.3.1 条 室内高压电容器装置宜设置在单独房间内，当电容器组容量较少时，可设置在高压配电室内，但与高压配电装置的距离不应小于 1.5m。低压电容器装置可设置在低压配电室内，当电容器总容量较大时，宜设置在单独房间内。

第 5.3.2 条 安装在室内的装配式高压电容器组，下层电容器的底部距地面不应小于 0.2m，上层电容器的底部距地面不宜大于 2.5m，电容器装置顶部到屋顶净距不应小于 1.0m。高压电容器布置不宜超过三层。

第 5.3.3 条 电容器外壳之间（宽面）的净距，不宜小于 0.1m；电容器的排间距离，不宜小于 0.2m。

第 5.3.4 条 装配式电容器组单列布置时，网门与墙距离不应小于 1.3m；当双列布置时，网门之间距离不应小于 1.5m。

第 5.3.5 条 成套电容器柜单列布置时，柜正面与墙面距离不应小于 1.5m；当双列布置时，柜面之间距离不应小于 2.0m。

第六章 对有关专业的要求

第一节 防火

第 6.1.1 条 可燃油油寝电力变压器室的耐火等级为一级。高压配电室、高压电容器室和非燃（或难燃）介质的电力变压器室的耐火等级不应低于二级。低压配电室和低压电容器室的耐火等级不应低于三级，屋顶承重构建应为二级。

第 6.1.2 条 有下列情况之一时，可燃油油寝变压器室的门应为甲级防火门：

（1）变压器室位于车间外；

（2）变压器室位于容易沉积可燃粉尘、可燃纤维的场所；

（3）变压器室附近有粮、棉及其他易燃物集中的露天堆场；

（4）变压器室位于建筑物内；

（5）变压器室下面有地下室。

第 6.1.3 条 变压器室的通风窗，应采用非燃烧材料。

第 6.1.4 条 当露天或半露天变电所采用可燃油油寝变压器时，其变压器外廓与建筑物外墙的距离应大于或等于 5m。当小于 5m 时，建筑物外墙在下列范围内不应有门、窗或通风孔：

（1）油量大于 1000kg 时，变压器总高度加 3m 及外廓两侧各加 3m；

（2）油量在 1000kg 及以下时，变压器总高度加 3m 及外廓两侧各加 1.5m；

第 6.1.5 条 民用主体建筑内的附设变电所和车间内变电所的可燃油油寝变压器室，应设置容量为 100%变压器油量的储油池。

第 6.1.6 条 有下列情况之一时，可燃油油寝变压器室应设置容量为 100%变压器油量的挡油设施：

（1）变压器室位于容易沉积可燃粉尘，可燃纤维的场所；

（2）变压器室附近有粮、棉及其他易燃物集中的露天场所；

（3）变压器室下面有地下室。

第 6.1.7 条 附设变电所、露天或半露天变电所中，油量为 1000kg 及以上的变压器，应设置容量为 100%油量的挡油设施。

第 6.1.8 条 在多层和高层主体建筑物的底层布置装有可燃性油的电器设备时，其底层外墙开口部位的上方应设置宽度不小于 1.0m 的防火挑檐。多油开关室和高压电容器室均应设有防止油品流散的设施。

第二节 对建筑的要求

第 6.2.1 条 高压配电室宜设不能开启的自然采光窗，窗台距室外地坪不宜低于 1.8m；低压配电室可设能开启的自然采光窗。配电室临街的一面不宜开窗。

第 6.2.2 条 变压器室、配电室、电容器室的门应向外开启。相邻配电室之间有门时，此门应能双向开启。

第 6.2.3 条 配电所各房间经常开启的门、窗，不宜直通相邻的酸、碱、蒸气、粉尘和噪音严重的场所。

第 6.2.4 条 变压器室、配电室、电容器室等应设置防止雨、雪和蛇、鼠类小动物从采光窗、通风窗、门、电缆沟等进入室内的设施。

第 6.2.5 条 配电室、电容器室和各辅助房间的内墙表面应抹灰刷白。地（楼）面宜采用高标号水泥抹面压光。配电室、变压器室、电容器室的顶棚以及变压器室的内墙面应刷白。

第 6.2.6 条 长度大于 7m 的配电室应设两个出口，并宜布置在配电室的两端。长度大于 60m 时，宜增加一个出口。当变电所采用双层布置时，位于楼上的配电室应至少设一个通向室外的平台或通道的出口。

第 6.2.7 条 配电所、变电所的电缆夹层、电缆沟和电缆室，应采取放水、排水措施。

第三节 采暖及通风

第 6.3.1 条 变压器室宜采用自然通风。夏季的排风温度不宜高于 45℃，进风和排风的温差不宜大于 15℃。

第 6.3.2 条 电容器室应有良好的自然通风，通风量应根据电容器允许温度，按夏季排风温度不超过电容器所允许的最高环境空气温度计算。当自然通风不能满足排热要求时，可增设机械排风。电容器室应设温度指示装置。

第 6.3.3 条 变压器室、电容器室当采用机械通风时，其通风管道应采用非燃烧材料制作。当周围环境污浑秽时，宜加空气过滤器。

第 6.3.4 条 配电室宜采用自然通风。高压配电室装有较多油断路器时，应装设事故排烟装置。

第 6.3.5 条 在采暖地区，控制室和值班室应设采暖装置。在严寒地区，当配电室内温度影响电器设备元件和仪表正常运行时，应设采暖装置。控制室和配电室内的采暖装置，宜采用钢管焊接，且不应有法兰、螺纹接头和阀门等。

第四节 其他

第 6.4.1 条 高、低压配电室、变压器室、电容器室、控制室内，不应有与其无关的管道和线路通过。

第 6.4.2 条 有人值班的独立变电所，宜设有厕所和给排水设施。

第 6.4.3 条 在配电室内裸导体正上方，不应布置灯具和明敷线路。当在配电室内裸导体上方布置灯具时，灯具与裸导体的水平净距不应小于 1.0m，灯具不得采用吊链和软线吊装。

附录二

安全作业常识

随着科学技术的发展，现代化生产和生活都离不开电能。但是，由于电气作业的危险和特殊性，从事电气工作的人员为特种作业人员，必须经过专门的安全技术培训和考核。经考试合格取得安全生产综合管理部门核发的特种作业操作证后，才能独立作业。电工作业人员要严格遵守电工作业安全操作规程和遵守各种安全规章制度，养成良好的工作习惯，严禁违章作业，坚持维护检修制度，特别是对高压检修工作的安全，必须坚持工作票、工作监护等工作制度。

一、电工安全操作基本要求

1．电工在进行安装和维修电气设备时，应严格遵守各项安全操作规程，如《电气没备维修安全操作规程》、《手提移动电动工具安全操作规程》等。

2．做好操作前的准备工作，如检查工具的绝缘情况，并穿戴好劳动防护用品（如绝缘鞋、绝缘手套）等。

3．严格控制带电操作，能停电操作的决不带电操作。带电操作时，必须按有关规程执行；停电操作时，应遵守停电操作的规定，并要亲手断开电源，然后检查电器、线路是否已停电，未经检查都应视为有电。

4．切断电源后，应及时挂上“禁止合闸，有人工作”的警告示牌，必要时应加锁，带走电源开关内的熔断器，然后才能工作。

5．工作结束后应遵守停电、送电制度，禁止约时送电，取下警告牌，装上电源开关的熔断器。

6．低压线路带电操作时，应设专人监护，使用有绝缘柄的工具，必须穿长袖衣服和长裤，扣紧袖口，穿绝缘鞋，戴绝缘手套，工作时站在绝缘垫上。

7．发现有人触电，应立即采取抢救措施，绝不允许临危逃离现场。

8. 电气设备安全运行的基本要求

（1）对各种电气设备，应根据环境的特点，建立相适应的电气设备运行管理规程和电气设备的安装规程，以保证设备处于良好的安全工作状态。

（2）为了保持电气设备正常运行，必须制定维护检修规程。定期对各种电气设备进行维护检修，消除隐患，防止设备和人身事故的发生。

（3）应建立各种安全操作规程，如变配电室值班安全操作规程，电气装置安装规程，电气装置检修、安全操作规程，手持式电动工具的管理、使用、检查和维修安全技术规程等。

（4）对电气设备制定的安全检查制度，应认真执行。例如，定期检查电气设备的绝缘情况，保护接零和保护接地是否牢靠、灭火器材是否齐全、电气连接部位是否完好等。发现问题应及时维护检修。

（5）应遵守负荷开关和隔离开关操作顺序：断开电源时应先断开负荷开关，再断开隔离开关；而接通电源时顺序相反，即先合上隔离开关，再合上负荷开关。

（6）为了尽快排除故障和各种不正常运行情况，电气设备一般都应采取过负荷保护、短路保护、欠电压和失电压保护以及断相保护和防止误操作保护等措施。

（7）凡有可能遭雷击的电气设备，都应装有防雷装置。

（8）对于使用中的电气设备，应定期测定其绝缘电阻；接地装置定期测定接地电阻；对安全工具、避雷器、变压器油等，也应定期检查、测定或进行耐压试验。

9. 安全使用电气设备基本知识

（1）为了保证高压检修工作的安全，必须坚持必要的安全工作制度，如工作票制度、工作监护制度等。

（2）对使用手提移动电器、机床和钳台上的局部照明灯及行灯等，都应使用36V及以下的低电压；对在金属容器（如锅炉）、管道内使用手提移动电器及行灯，电压不允许超过12V，并要加接临时开关，还应有专人在容器外监护。

（3）有多人同时进行停电作业时，必须由电工组长负责及指挥。工作结束后应由组长发令合闸通电。

（4）对断落在地面的带电导线，为了防止触电及受“跨步电压”危害，应撤离电线落地点15～20m，并设专人看守，直到事故处理完毕。若人已在跨步电压区域，则应立即用单或双脚并拢迅速跳到15～20m以外地区，但千万不能大步奔跑，以防跨步电压触电。

（5）电灯分路线上每一分路装接电灯数和插座数，一般不超过25只，最大电流不应超过15A。而电热分路每一分路安装插座数，一般不超过6只，最大电流应不超过30A。

（6）在一个插座上不可接过多用电器具；大功率用电器应单独装接相应电流的插座。

（7）装接的熔断器应完好无损，接触应紧密可靠。熔断器和熔体大小应根据工作电流的大小来选择，不能随意安装。各级熔体相互配合，下一级应比上一级小，以免越级断电。

（8）敷设导线时，应将导线穿在金属或塑料套管中间，然后埋在墙内或地下；严禁将导线直接埋设在墙内或地下。

二、电流对人体的作用

触电一般是指人体触及带电体时，电流对人体所造成的伤害。电流对人体的伤害是多方面的。根据伤害性质不同，触电可分为电伤和电击两种。

1. 电伤

电伤是指由于电流的热效应、化学效应和机械效应对人体的外表造成的局部伤害，如电灼伤、电烙印、皮肤金属化等。对于高于1kV以上的高压电气设备，当人体过分接近它时，高压电可将空气电离，然后通过空气进入人体，此时还伴有高电弧，能把人烧伤。

（1）电灼伤。

电灼伤一般分为接触灼伤和电弧灼伤两种。接触灼伤发生在高压触电事故时，电流流过人体皮肤进出口处。一般进口处比出口处灼伤严重，接触灼伤的面积较小，但深度大，大多为3度灼伤，灼伤处呈现黄色或褐黑色，并可累及皮下组织、肌腱、肌肉及血管，甚至使骨骼呈现炭化状态，一般需要治疗的时间较长。

当发生带负荷误拉、合隔离开关及带地线合隔离开关时，所产生的强烈电弧都可能引起电弧灼伤，其情况与火焰烧伤相似，会使皮肤发红、起泡，组织烧焦、坏死。

（2）电烙印。

电烙印发生在人体与带电体之间有良好的接触部位处。在人体不被电击的情况下，在皮肤表面留下与带电接触体形状相似的肿块痕迹。电烙印边缘明显，颜色呈灰黄色，有时在触电后，电烙印并不立即出现，而在相隔一段时间后才出现。电烙印一般不发炎或化脓，但往往造成局部麻木和失去知觉。

（3）皮肤金属化。

皮肤金属化是由于高温电弧使周围金属熔化、蒸发并飞溅渗透到皮肤表面形成的伤害。皮肤金属化以后，表面粗糙、坚硬。金属化后的皮肤经过一段时间后方能自行脱落，对身体机能不会造成不良的后果。电伤在不是很严重的情况下，一般无致命危险。

2. 电击

电击是指电流流过人体内部造成人体内部器官的伤害。当电流流过人体时造成人体内部器官，如呼吸系统、血液循环系统、中枢神经系统等发生变化，机能紊乱，严重时会导致休克乃至死亡。

电击使入致死的原因有三个方面：第一是流过心脏的电流过大、持续时间过长，引起“一心室纤维性颤动”而致死；第二是因电流作用使人产生窒息丽死亡；第三是因电流作用使心脏停止跳动而死亡。研究表明“心室纤维性颤动”致死是最根本、占比例最大的原因。

电击是触电事故中后果最严重的一种，绝大部分触电死亡事故都是由电击造成的。通常所说的触电事故，主要是指电击而言。

调查表明，绝大部分的触电事故都是由电击造成的。电击伤害的严重程度取决于通过人体电流的大小、电压高低、持续时间、电流的频率、电流通过人体的途径以及人体的状况等因素。

（1）伤害程度与电流大小的关系。

通过人体的电流越大，人体的生理反应越明显，致命的危险性也就越大。按照工频交流电通过人体时对人体产生的作用，可将电流划分为以下三级：

① 感知电流。引起人感觉的最小电流叫感知电流。成年男性平均感知电流的有效值大约为1.1mA，女性为0.7mA。感知电流一般不会对人体造成伤害。

② 摆脱电流。人触电后能自主摆脱电源的最大电流称为摆脱电流。男性的摆脱电流为9mA，女性为6mA，儿童较成人小。摆脱电流的能力是随触电时间的延长而减弱的。一旦触电后，不能摆脱电源，后果是比较严重的。

③ 致命电流。在较短时间内危及生命的电流称为致命电流。电击致命的主要原因是电流引起心室颤动。引起心室颤动的电流一般在数百毫安以上。

一般情况下，可以把摆脱电流作为流经人体的允许电流。男性的允许电流为9mA，女性的为6mA。在线路或设备安装有防止触电的速断保护装置的情况下，人体的允许电流可按30mA考虑。工频电流对人体的影响见附表1-1。

（2）电压高低对人体的影响。

人体接触的电压越高，流经人体的电流越大，对人体的伤害就越重，见附表1-2。但在触电事例的分析统计中，70%以上死亡者是在对地电压为220V电压下触电的。而高压虽然危险性更大，但由于人们对高压的戒心，触电死亡的大事故反而在30%以下。

附表 1-1 工频电流对人体的影响

电流/mA	交流电/50Hz		直流电
	通电时间	人体反应	人体反应
0~0.5	连续	无感觉	无感觉
0.5~5	连续	有麻刺、疼痛感、无痉挛	无感觉
5~10	数分钟内	痉挛、剧痛、但可摆脱电源	有针刺、压迫及灼热感
10~30	数分钟内	迅速麻痹、呼吸困难、不能自由	压痛、刺痛、灼热强烈、有痉挛
30~50	数秒到数分钟	心跳不规则、昏迷、强烈痉挛	感觉强烈、有剧痛痉挛
5~100	超过 3s	心室颤动、呼吸麻痹、心脏麻痹而停跳	剧痛，强烈痉挛，呼吸困难或死亡

附表 1-2 电压对人体的影响

接触时的情况		可接近的距离	
电压/V	对人体的影响	电压/kV	设备不停电时的安全距离/m
10	全身在水中时跨步电压界限为 10V/m	10 及以下	0.7
20	湿手的安全界限	20~35	1.0
30	干燥手的安全界限	44	1.2
50	对人的生命无危险界限	60~110	1.5
100~200	危险性急剧增大	154	2.0
200 以上	对人的生命安全发生危险	220	3.0
3000	被带电体吸引	330	4.0
10000 以上	有被弹开而脱险的可能	500	5.0

（3）伤害程度与通电时间的关系。

电流对人体的伤害与流过人体电流的持续时间有密切的关系。电流持续时间越长，其对应的致颤阈值越小，对人体的危害越严重。这是因为时间越长，体内积累的外能量越多，人体电阻因出汗及电流对人体组织的电解作用而变小，使伤害程度进一步增加；另外，人的心脏每收缩、舒张一次，中间约有 0.1s 的间隙，在这 0.1s 的时间内，心脏对电流最敏感，若电流在这一瞬间通过心脏，即使电流很小（几十毫安），也会引起心室颤动。显然，电流持续时间越长，重合这段危险期的几率越大，危险性也越大。一般认为，工频电流 15～20mA 及直流 50mA 以下，对人体是安全的，但如果持续时间很长，即使电流小到 8～10mA，也可能使人致命。因此，一旦发生触电事故，要尽可能快地使触电者脱离电源。

（4）伤害程度与电流路径的关系。

电流通过心脏时会导致心跳停止、血液循环中断，所以危险性最大，会引起心室颤动，较大的电流会导致心脏停止跳动；电流通过头部时会使人昏迷，严重时会使人不醒而死亡；电流通过脊髓时会导致肢体瘫痪；电流通过中枢神经有关部分时，会引起中枢神经系统强烈失调而致残。电流路径与流经心脏的电流比例关系见附表 1-3。实践证明，左手至前胸是最危险的电流途径，此外，右手至前胸、单手至单脚、单手至双脚、双手至双脚等也是很危险的电流途径，电流从左脚至右脚这一电流路径，危险性小，但人体可能因痉挛而摔倒，导致电流通过全身或发生二次事故而产生严重后果。

附表 1-3 电流路径与通过人体心脏电流的比例关系

电流路径	左手至脚	右手在至脚	左手至右手	左脚至右脚
流经心脏的电流与通过人体总电流的比例（%）	6.4	3.7	3.3	0.4

（5）伤害程度与电流种类的关系。

电流种类不同，对人体的伤害程度不一样。当电压在 250～300V 时，触及频率为 50Hz 的交流电，比触及相同电压的直流电的危险性大 3～4 倍。不同频率的交流电流对人体的影响也不相同。通常，50～60Hz 的交流电，对人体危险性最大。低于或高于此频率的电流对人体的伤害程度要显著减轻，但高频电流通常以电弧的形式出现，因此有灼伤人体的危险。频率在 20kHz 以上的交流小电流，对人体已无危害，所以在医学上用于理疗。

（6）伤害程度与人体电阻大小的关系。

人体触电时，流过人体的电流在接触电压一定时由人体的电阻决定，人体电阻愈小，流过的电流则愈大，人体所遭受的伤害也愈大。人体的不同部分（如皮肤、血液、肌肉及关节等）对电流呈现出一定的阻抗，即人体电阻。其大小不是固定不变的，它取决于许多因素，如接触电压、电流途径、持续时间、接触面积、温度、压力、皮肤厚薄及完好程度、潮湿、脏污程度等。总的来讲，人体电阻由体内电阻和表皮电阻组成。

体内电阻是指电流流过人体时，人体内部器官呈现的电阻。它的数值主要决定于电流的通路。当电流流过人体内不同部位时，体内电阻呈现的数值不同。电阻最大的通路是从一只手到另一只手，或从一只手到另一只脚或双脚，这两种电阻基本相同；电流流过人体其他部位时，呈现的体内电阻都小于此两种电阻。一般认为人体的体内电阻为 500Ω 左右。

表皮电阻是指电流流过人体时，两个不同触电部位皮肤上的电极和皮下导电细胞之间的电阻之和。表皮电阻随外界条件不同而在较大范围内变化。当电流、电压、电流频率及持续时间、接触压力、接触面积、温度增加时，表皮电阻会下降，当皮肤受伤甚至破裂时，表皮电阻会随之下降，甚至降为零。可见，人体电阻是一个变化范围较大，且决定于许多因素的变量，只有在特定条件下才能测定。不同条件下的人体电阻见附表 1-4，一般情况下，人体电阻可按 1000～2000Ω 考虑，在安全程度要求较高的场合，人体电阻可按不受外界因素影响的体内电阻（500Ω）来考虑。

附表 1-4 不同条件下的人体电阻

加于人体上的电压/V	人体电阻/Ω			
	皮肤干燥	皮肤潮湿	皮肤湿润	皮肤侵入水中
10	7000	3500	1200	600
25	5000	2500	1000	500
50	4000	2000	875	440
100	3000	1500	770	375
250	2000	1000	650	325

当人体电阻一定时，作用于人体电压越高，则流过人体的电流越大，其危险性也越大。实际上，通过人体电流的大小，并不与作用于人体的电压成正比，由附表 1-4 可知，随着用于人体电压的升高，因皮肤破裂及体液电解使人体电阻下降，导致流过人体的电流迅速增加，对人体的伤

害也就更加严重。

三、触电事故的原因和规律

触电事故发生的原因是多方面的，同时也有一定的规律。了解这些原因和规律有助于防止触电，做到安全用电。引起触电的原因主要有以下几个方面：

（1）缺乏电气安全知识。在日常生活中，有很多触电事故是由于缺乏电气安全知识而造成的。例如，儿童玩耍带电导线、在高压电线附近放风筝等。

（2）违章操作。由于电气设备种类繁多和电工工种的特殊性，国家各有关部门根据各行业、各工种，甚至特定种类设备，制定出具体的安全操作规程。但还是存在很多从业人员由于违章操作而发生触电事故。例如，违反《停电检修安全工作制度》，因误合闸而造成维修人员触电；违反《带电检修安全操作规程》，使操作人员触及电器的带电部分；带电乱拉临时照明线等。

（3）设备不合格。市面上流通的大多数假冒伪劣产品使用劣质材料，生产工艺粗制滥造，使设备的绝缘等级、抗老化能力很低，这就很容易造成触电。

（4）维修不善。如大风刮断的低压线路和刮倒电杆未能得到及时处理，电动机接线破损使外壳长期带电等。

（5）偶然因素。如大风刮断电力线而落到人体上等。

调查研究发现，大部分的触电事故发生在分支线和线路末端即用电设备上。同时触电事故还具有明显的季节性（春、夏季事故较多，6～9 月最集中），低压触电多于高压触电，农村触电事故多于城市触电事故，中、青年人触电事故多，单相触电事故多，“事故点”多数发生在电气连接部位等规律。掌握这些规律，对于安排和进行安全检查、对于考虑和实施安全技术措施具有很大的意义。

四、触电方式

按照人体触及带电体的方式和电流通过人体的途径，触电可分为单相触电、两相触电和跨步电压触电三种情况。

1. 单相触电

单相触电是指人体在地面上或其他接地导线上，人体某一部位触及一相带电体的事故。大部分触电事故是单相触电事故。一般情况下，接地电网比不接地电网的单相触电危险性大。

2. 两相触电

两相触电是指人体同时触及两相带电体的触电事故。在这种情况下，人体在电源线电压的作用下，危险性比单相触电危险性大。

3. 跨步电压触电

当带电体接地有电流流入地下时，电流在接地点周围土壤中产生电压降，人在接地点周围，两脚之间出现的电压即跨步电压，由此引起的触电事故叫跨步电压触电。高压故障接地处，或有大电流流过的接地装置附近都可能出现较高的跨步电压。一般情况下，在离开接地 20m 处，跨步电压就接近于零。人的跨步一般按 0.8m 考虑。

五、预防触电事故的措施

预防触电事故、保证电气工作的安全措施可分为组织措施和技术措施两个方面。在电气设备上工作，保证安全的组织措施为认真执行下列四项制度：工作票制度，工作许可制度，工作监护制度，工作间断、转移和终结制度。保证安全的技术措施主要有：停电、验电、挂接地线、挂告示牌及设遮栏。为了防止偶然触及或过分接近带电体造成的直接电击，可采取绝缘、屏护、间距等安全措施；为了防止触及正常不带电而意外带电的导电体造成的间接电击，可采取接地、接零和采用漏电保护等安全措施。

1. 绝缘、屏护和间距

（1）绝缘。

绝缘就是用绝缘材料把带电体封闭起来。瓷、玻璃、云母、橡皮、木材、胶木、塑料、布、纸和矿物油等都是常用的绝缘材料。应当注意，很多绝缘材料受潮后会丧失绝缘性能或在强电场作用下，会遭到破坏，丧失绝缘性能。良好的绝缘能保证设备正常运行，还能保证人体不致接触带电部分。设备或线路的绝缘必须与所采用的电压等级相符，还必须与周围的环境和运行条件相适应。绝缘的好坏，主要由绝缘材料所具有电阻大小来反映。绝缘材料的绝缘电阻是加于绝缘的直流电压与流经绝缘的电流（泄漏电流）之比。足够的绝缘电阻能把泄漏电流限制在很小的范围内，能防止漏电造成的触电事故。不同线路或设备对绝缘电阻有不同的要求。例如新装和大修后的低压电力和照明线路，要求绝缘电阻值不低于 0.5MΩ，运行中的线路可降低至每伏 lkΩ（即每千伏不小于 1MΩ）。绝缘电阻通常用绝缘电阻表（曾称兆欧表，俗称摇表）测定。

（2）屏护。

屏护是采用遮拦、护罩、护盖、箱匣等把带电体同外界隔绝开来，以防止人身触电的措施。例如，开关电器的可动部分一般不能包以绝缘，所以需要屏护。对于高压设备，不论是否有绝缘，均应采取屏护或其他防止接近的措施。除防止触电的作用之外，有的屏护装置还起防止电弧伤人、防止弧光短路或便利检修工作的作用。

（3）间距。

间距就是保证人体与带电体之间的安全距离。为了避免车辆或其他器具碰撞或过分接近带电体造成事故，以及为了防止火灾、防止过电压放电和各种短路事故，在带电体与地面之间、带电体与其他设施和设备之间、带电体与带电体之间均需设置一定的安全距离。例如 10kV 架空线路经过居民区时与地面（或水面）的最小距离为 6.5m；低压常用开关设备安装高度为 1.3～1.5m；明装插座离地面高度应为 1.3～1.5m；暗装插座离地距离可取 0.2～0.3m。在低压操作中，人体或其携带工具与带电体之间的最小距离不应小于 0.1m。

2. 为防止触电应该注意

（1）不得随便乱动或私自修理实训室的电气设备。

（2）经常接触和使用的配电箱、配电板、刀开关、按钮、插座、插销以及导线等，必须保持完好、安全，不得有破损或将带电部分裸露出来。

（3）不得用铜丝等代替熔丝，并保持刀开关、电磁开关等盖面完整，以防短路时发生电弧或保险丝熔断飞溅操作人员。

（4）经常检查电气设备的保护接地、接零装置，保证连接牢固。

（5）在使用手电钻、电砂轮等手持电动工具时，必须安装漏电保护器，工具外壳进行保护性接地或接零，并要防止移动工具时，导线被拉断。操作时应戴好绝缘手套并站在绝缘板上。

（6）在移动电风扇、照明灯、电焊机等电气设备时，必须先切断电源，并保护好导线，以免磨损或拉断。

（7）在雷雨天，不要走进高压电杆、铁塔、避雷针的接地导线周围 20m 之内。当遇到高压线断落时，周围 10m 之内，禁止人员入内；若已经在 10m 范围之内，应单足或并足跳出危险区。

（8）对设备进行维修时，一定要切断电源，并在明显处放置“禁止合闸有人工作”的警示牌。

六、触电急救

人触电以后，有些伤害程度较轻，神志清醒，有些程度严重，会出现神经麻痹、呼吸中断、心脏停止跳动等症状。如果处理及时和正确，则因触电而假死的人有可能获救。触电急救一定要做到动作迅速，方法得当。从触电后一分钟开始救治者，90%有良好的效果。但如果从触电后十几分钟才开始救治，则救活的可能性就很小了。由于广大群众普遍缺乏必要的电气安全知识，一旦发现人身触电事故往往惊慌失措，所以国家规定电业从业人员都必须具备触电急救的知识和能力。

1. 脱离电源

人触电以后，如果流过人体的电流大于摆脱电流，则人体不能自行摆脱电源。所以使触电者尽快脱离电源是救护触电者的首要步骤。

（1）低压触电脱离。

对于低压触电事故，如果触电者触及低压带电设备，救护人员应设法迅速拉开电源开关或电源插头，或者使用带有绝缘柄的电工钳切断电源。当电线搭接在触电者身上或被压在身下时，可用干燥的衣服、手套、木棒等绝缘物作为工具，拉开触电者或挑开电线，使触电者脱离电源。

（2）高压触电脱离。

对于高压触电事故，救护人应带上绝缘手套，穿上绝缘靴，使用相应电压等级的绝缘工具拉开电压开关；或者抛掷金属线使线路短路、接地，迫使保护装置动作，切断电源。对于没有救护条件的，应该立即打电话通知有关部门停电。

救护人员既要救人，也要注意保护自己。救护人员可站在绝缘垫上或干木板上进行救护。触电者未脱离电源之前，不得直接用手触及触电者，也不能抓他的鞋，而且最好用一只手进行救护。当触电者处在高处的情况下，应考虑触电者解脱电源后可能会从高处坠落，所以要同时作好防摔措施。

2. 急救处理

当触电者脱离电源以后，必须迅速判断触电程度的轻重，立即对症救治，同时通知医生前来抢救。

（1）如果触电者神智清醒则应使之就地平躺，严密观察，暂时不要站立或走动，同时也要注意保暖和保持空气新鲜。

（2）如果触电者已神志不清则应使之就地平躺，确保气道通畅，特别要注意他的呼吸心跳状况。注意不要摇动伤员头部呼叫伤员。

（3）如果触电者失去知觉，停止呼吸，但心脏微有跳动应在通畅气道后立即施行口对口（或鼻）人工呼吸急救法。

（4）如果触电者伤势非常严重，呼吸和心跳都已停止，通常对触电者立即就地采用口对口（或鼻）人工呼吸法和胸外心脏挤压法进行抢救。有时应根据具体情况采用摇臂压胸呼吸法或俯卧压背呼吸法进行抢救。

3. 口对口人工呼吸法

（1）迅速松开触电者的上衣、裤带或其他妨碍呼吸的装饰物，使其胸部能自由扩张。

（2）使触电者仰卧，清除触电者口腔中血块、痰唾或口沫，取下假牙等杂物，然后将其头部尽量往后仰（最好用一只手托在触电者颈后），鼻孔朝天，使呼吸道畅通。

（3）救护人捏紧触电者鼻子，深深吸气后再大口向触电者口中吹气，为时约 2s。吹气完毕后救护人应立即离开触电者的嘴巴，放松触电者的鼻子，使之自身呼气，为时约 3s。

按照上述要求对触电者反复吹气、换气，每分钟约 12 次。对儿童使用人工呼吸法时，只可小口吹气，以免使其肺泡破裂。如果触电者的口无法张开，则改用口对鼻人工呼吸法进行抢救。

4. 胸外心脏挤压法

（1）首先要解开触电者衣服和腰带，清除口腔内异物，使呼吸道通畅。

（2）触电者仰天平卧，头部往后仰，后背着地处的地面必须平整牢固，如硬地或木板之类的。

（3）救护人位于触电者的一侧，最好是跪跨在触电者臀部位置，两手相叠，右手掌放在触电者心窝稍高一点的地方，大约胸骨下 1/3～1/2 处，左手掌复压在右手背上。

（4）救护人向触电者的胸部垂直用力向下挤压，压出心脏里的血液。对成人应压陷 3～40cm。

（5）按压后，掌根迅速放松，但手掌不要离开胸部，让触电者胸部自动复原，心脏扩张，血液又回到心脏来。

按照上述要求反复地对触电者的心脏进行按压和放松。按压与放松的动作要有节奏，每秒钟进行一次，每分钟 80 次效果最好。急救者在挤压时，切忌用力过猛，以防造成触电者内伤，但也不可用力过小，而使挤压无效。触电者如果是儿童则可用一只手按压，用力要轻，以免损伤胸骨。

注意：对心跳和呼吸都停止的触电者的急救要同时采用人工呼吸法和胸外心脏挤压法。如果现场只有一人时，可采用单人操作。单人进行抢救时，先给触电者吹气 3～4 次，然后再挤压 7～8 次，接着交替重复进行。如果由两人合作进行抢救更为适宜。方法是上述两种方法的组合，但在吹气时应将其胸部放松，挤压只可在换气时进行。

5. 摇臂压胸呼吸法

（1）使触电者仰卧，头部后仰。

（2）操作者在触电者头部，一只脚作跪姿，另一只脚半蹲。两手将触电者的双手向后拉直，压胸时，将触电者的手向前顺推，至胸部位置时，将两手向胸部靠拢，用触电者两手压胸部。在同一时间内还要完成以下几个动作：跪着的一只脚向后蹬（成前弓后箭状），半蹲的前脚向前倒，然后用身体重量自然向胸部压下。压胸动作完成后，将触电者的手向左右扩张。完成后，将两手往后顺向拉直，恢复原来位置。

（3）压胸时不要有冲击力，两手关节不要弯曲，压胸深度要看对象，对小孩不要用力过猛，每分钟完摇臂压胸法 14～16 次。

6. 俯卧压背呼吸法（此法只适宜触电后溺水、肚内喝饱了水）

（1）使触电者俯卧，触电者的一只手臂弯曲枕在头上，脸侧向一边，另一只手在头旁伸直。操作者跨腰跪，四指并拢，尾指压在触电者背部肩胛骨下（相当于第七对肋骨）。

（2）压时，操作者手臂不要弯，用身体重量向前压。向前压的速度要快，向后收缩的速度可稍慢，每分钟完成 14～16 次。

（3）触电后溺水，可将触电者面部朝下平放在木板上，木板向前倾斜 100 左右，触电者腹部垫放柔软的垫物（如枕头等），这样，压背时会迫使触电者将吸入腹内的水吐出。

7. 急救注意事项

（1）任何药物都不能替代口对口人工呼吸和胸外心脏挤压法抢救触电者，是触电者最基本的两种急救方法。

（2）抢救触电者应迅速而持久地进行抢救，在没有确定确已死亡的情况下，不要轻易放弃，以免错过机会。

（3）要慎重使用肾上腺素。只有经过心电图仪鉴定心脏确已停止跳动且配备有心脏除颤装置时，才允许使用肾上腺素。

（4）对于与触电同时发生的外伤，应分情况酌情处理。

参考文献

[1] 刘介才．供配电技术．2 版．北京：机械工业出版社，2005.
[2] 蒋庆斌．供配电技术．北京：机械工业出版社，2011.
[3] 方建华．工厂供配电技术．北京：人民邮电出版社，2010.
[4] 杨兴．工厂供配电技术．北京：清华大学出版社，2011.
[5] 李高建．工厂供配电技术．北京：中国铁道出版社，2010.